水溶性纤维素醚的合成与应用

黄凤远 著

中国纺织出版社有限公司

内 容 提 要

本书从可再生资源利用、环境保护等角度出发，选择可再生的天然高分子——纤维素为主要原材料，通过化学合成制备水溶性纤维素醚作为新型混凝土减水剂/高效减水剂，系统地研究了基于天然高分子的混凝土减水剂的合成条件与应用性能。探讨了反应物配比、反应温度、反应时间等因素对产物分子结构的影响；为了比较水溶性纤维素醚的应用性能，分别合成硫酸酯化羟乙基纤维素、淀粉顺丁烯二酸半酯，并进行了应用性能研究。采用傅里叶变换红外光谱、核磁共振光谱、扫描电镜、电感耦合等离子体发射光谱、凝胶渗透色谱等现代分析手段表征了分子结构。为研究减水剂性能，测定了水泥颗粒吸附减水剂后ζ电位，水泥颗粒对减水剂的吸附特性，减水剂在水泥颗粒表面的吸附层厚度，减水剂对水泥水化的影响以及产物对水泥水化物形貌的影响。

本书适合从事天然高分子改性与应用的研究人员、学生阅读，也可供从事混凝土外加剂开发人员参考使用。

图书在版编目（CIP）数据

水溶性纤维素醚的合成与应用 / 黄凤远著 . -- 北京：中国纺织出版社有限公司，2020.8

ISBN 978-7-5180-7640-6

Ⅰ. ①水… Ⅱ. ①黄… Ⅲ. ①水溶性—纤维素醚—研究 Ⅳ. ① O636.1

中国版本图书馆 CIP 数据核字（2020）第 127213 号

SHUIRONGXING XIANWEISUMI DE HECHENG YU YINGYONG

责任编辑：范雨昕　　责任校对：楼旭红　　责任印制：何　建

中国纺织出版社有限公司出版发行
地址：北京市朝阳区百子湾东里A407号楼　邮政编码：100124
销售电话：010—67004422　传真：010—87155801
http://www.c-textilep.com
中国纺织出版社天猫旗舰店
官方微博 http://weibo.com/2119887771
三河市宏盛印务有限公司印刷　各地新华书店经销
2020年8月第1版第1次印刷
开本：710×1000　1/16　印张：10.25
字数：152千字　定价：98.00元

前　言

天然高分子材料具有种类繁多、可再生、生物相容性好等众多优点，其中植物纤维、淀粉是地球上最丰富的两种可再生天然高分子。植物通过光合作用能生产大量的纤维素、淀粉，是很重要的工业原料。以纤维素为例，据统计，地球上可再生的纤维素达1000亿吨以上，但是这种廉价且取之不尽的再生资源远未得到充分利用。每年以纤维素状态消耗的不足总量的0.15％，包括用于造纸的0.1％，用于纺织的0.012％，用于化学改性的0.007％；另约有1％的纤维素用于燃料和建筑原木。因此，被利用的纤维素的量不足总量的1.2％。另外，98％以上的纤维素处于任其自生自灭的状态。未充分利用的纤维素不仅是资源的浪费，而且处理不当还会引起环境问题。因此，如何进一步有效地利用地球上储量巨大、可再生的纤维素资源，开拓纤维素在新技术、新材料、新能源、新领域中的利用已经成为众多研究人员十分关注的问题。

作者从可再生资源利用、环境保护等角度出发，选择纤维素为主要原材料，通过化学合成制备新型混凝土减水剂/高效减水剂，系统地研究基于天然高分子的混凝土减水剂的合成条件与应用性能。采用棉纤维素为原材料，制备水溶性丁基磺酸纤维素醚，探讨了反应物配比、反应温度、反应时间等因素对产物分子结构的影响。作为对比，探讨了硫酸酯化羟乙基纤维素、微波辐射方法制备淀粉顺丁烯二酸半酯的合成条件及作为减水剂应用的性能。采用傅里叶变换红外光谱、核磁共振光谱、扫描电镜、电感耦合等离子体发射光谱、凝胶渗透色谱等现代分析手段表征了分子结构。为研究减水剂性能，测定了水泥颗粒吸附减水剂后ζ电位，水泥颗粒对减水剂的吸附特性，减水剂在水泥颗粒表面的吸附层厚度，减水剂对水泥水化的影响以及产物对水泥水化物形貌的影响。证明了水溶性纤维素醚可以应用于混凝土减水剂，并具有良好的应用效果，为纤维素的综合利用提供了一种新思路、新途径。

著者

2020年2月

目 录

第1章 概述

1.1 背景与意义

材料、能源、信息和生物技术是现代文明的四大支柱，材料是其他技术的基础，材料技术的每次重大突破，往往可引起其他产业技术的革命。因此材料的研究开发与能源、资源、环境息息相关，不可分割。混凝土作为最大宗的建筑材料，伴随着水泥的出现，各种水泥混凝土陆续问世，在200年左右的时间里经历几次重大变革，从最初的混凝土理论基础的奠定，经历了预应力和干硬性混凝土时代、流动性混凝土，到聚合物混凝土时代，每次变革都有特定的理论基础和工业基础。21世纪混凝土将依然是建筑材料的主体材料之一，1997年全世界的混凝土消耗总量达$6.4\times10^{10}m^3$，按照每吨混凝土中水泥用量250kg计算，我国在2005年混凝土总量约$4.0\times10^{10}m^3$。当今的混凝土已经不仅是水泥、水和骨料的简单混合，其他矿物掺合料以及化学外加剂的掺加赋予其新的性能，尤其是减水剂的研发成功以及普遍应用，使大流动度混凝土、高强/高性能混凝土成为可能，为混凝土可持续发展提供了必要条件。

为适应混凝土材料的绿色化和可持续发展，王立久提出“材料过程工程学”的材料学研究方法。材料过程工程学是基于材料学、环境材料学、过程工程学、系统工程学和生态学等相关理论，对材料由原生到被废弃的生命全过程及其相关过程进行优化或集成，以实现其对自然环境消耗低、污染少和充分利用各种资源的工艺和各种工程问题进行研究的方法。材料过程工程学从过程的角度研究材料生产和使用过程中资源与能源的合理化利用问题，尤其是分散资源的富集、分离、低化学势物质最小能量注入转化、低价位可再生资源的高附加值转化等一系列技术，目的是在总体上达成材料工业的技术及资源利用的最优化，使以其为基础设计的材料更具市场竞争力，能更经济、更合理地利用资源，实现材料工业的可持续发展。

材料过程工程学的研究方法在水泥混凝土理论研究方面已取得一定成果。它涵盖了材料生命周期全过程的宏观过程、子过程（包括可逆过程）、单元过程及驻点，其中驻点和单元过程为过程工程的基本组成要素。驻点是材料过程工程学的基本组成元素，是材料过程工程中的状态单元，由驻点要素组成，驻点要素的选择以人类生存对产品各种性能的要求和要素的自身性能为基础。而混凝土减水剂在混凝土工业发展中占有重要地位，其作为混凝土材料过程工程学的一个驻点要素，是不可忽略的研究对象。材料过程工程学中研究的不仅是材料功能的实现，同时还着重探讨资源、能源、环境等的相容性。从目前市场上混凝土减水剂种类、原材料来源等分析中不难发现，它们大多是基于石油化工产品/副产品合成的，而石油作为不可再生资源，日渐稀缺，价格不断走高，已经影响到一系列石油化学品的价格，减水剂也不例外。而且，减水剂是采用小分子有机物经过聚合、缩合等手段得到具有一定聚合度的水溶性高分子，在合成过程中未完全反应的游离小分子物质往往与聚合物共存，容易对合成及应用过程中的工作人员、建筑环境等造成危害。因此，开发可再生资源、合成与环境相容性好的新型减水剂是大势所趋。

1.1.1 混凝土减水剂的研究进展

从材料过程工程学角度来看，混凝土减水剂的广泛应用有利于节约资源、节约能源、改善环境，具体表现在以下几个方面：在不减少单位用水量的情况下，改善新拌混凝土的工作度，提高流动性；在保持一定工作度的情况下，减少用水量，提高混凝土的强度；在保持一定强度的情况下，减少单位水泥用量，节约水泥；改善混凝土拌和物的可泵性以及混凝土的其他物理力学性能。

减水剂是使用量极大、用途极广的一类混凝土外加剂，占外加剂总量的70%～80%。根据减水剂减水能力不同可划分为普通减水剂和高效减水剂，后者又称为超塑化剂。前者减水率为5%～10%，如木质素磺酸钙减水剂、糖蜜减水剂、腐殖酸减水剂、碱法造纸废液减水剂、棉浆减水剂、草类植物减水剂等；后者减水率大于12%。按减水剂发挥减水作用的主要成分不同，可以将高效减水剂划分为改性木质素磺酸盐系（modified lignosulphonates，ML）、芳香族多环缩合物磺酸盐系（主要萘系磺酸甲醛缩合物，sulfonated naphthalene formaldehyde condensate，SNF）、三聚氰胺系或蜜胺系（sulfonated melamine formaldehyde condensate，SMF）、氨基磺酸系（aminosulfonic formaldehyde，ASF）和聚羧酸系（polycarboxylate，PC）五大类。混凝土减水剂的发展历程如表1.1所示。

表1.1 减水剂的发展概况

<table>
<tr><th>时间</th><th>减水剂种类</th><th>开发国家/人员</th></tr>
<tr><td>20世纪30年代初</td><td>造纸废液在混凝土中应用</td><td></td></tr>
<tr><td>1935年</td><td>木质素磺酸盐（普浊里）</td><td>美国 E. W. Scripture</td></tr>
<tr><td>1936年</td><td>发现萘磺酸甲醛缩合物</td><td>Kennedy</td></tr>
<tr><td>1960年</td><td>杂酚油缩合物减水剂研发成功</td><td>根来</td></tr>
<tr><td>1963年</td><td>β-萘磺酸甲醛缩合物（麦地减水剂）</td><td>日本花王石碱公司的服部健一</td></tr>
<tr><td>1964年</td><td>磺化三聚氰胺类高效减水剂（melment）</td><td>西德</td></tr>
<tr><td>20世纪70年代后期</td><td>改性木质素类高效减水剂，各种外加剂的完善与性能提高，聚羧酸减水剂出现</td><td rowspan="2">日本</td></tr>
<tr><td>20世纪90年代初</td><td>聚羧酸系减水剂开发利用</td></tr>
</table>

表1.1所述有代表性的减水剂的开发与应用情况，科研人员还通过减水剂改性、复配等手段改善和提高减水剂的应用性能，这些工作都为减水剂的广泛利用做出了不可磨灭的贡献。

不可否认，减水剂的发展为混凝土工业的发展提供了更为广阔的空间，但是随着世界范围内对环境保护的日益重视，人们对建筑材料的要求也越来越高，不再仅是追求使用性能的实现，而是更关心功能实现的同时又不危害环境和人身安全，因此人们更愿意采用绿色建筑材料。

但是通过对几种通用混凝土减水剂的分子结构、合成路线等方面的分析不难发现，现有的减水剂品种很难满足绿色、环保等要求。以目前在我国占有量较大的萘系高效减水剂为例，其制备流程及分子结构如图1.1、图1.2所示。萘系减水剂（SNF）主要原材料是萘，首先将萘经浓硫酸高温磺化得到磺酸萘（将对减水无效果的β-萘磺酸水解成萘继续利用），再与甲醛缩合成分子量从几千到几万的聚合物，然后经碱中和，过滤去除其中的硫酸钙，得到的滤液即为萘系减水剂，但由这种工艺制备的减水剂溶液浓度往往较低，需进一步浓缩、干燥，方可最终得到粉体萘系减水剂。从原材料角度看，萘本身是一种致癌物质，反应过程中以甲醛做缩合剂，甲醛也是一种强危害性物质，为生产带来安全隐患；另外，合成过程中很难保证所有化学试剂完全、彻底的反应转化成缩聚物，因此在产品中含有游离的萘和甲醛，会引入建筑施工中或者掺加这类减水剂的建筑物中，这种物质会随时释放出来，影响环境和相关人员的健康。目前我国非常重视建筑物中小分子物质的释放，已经制定了混凝土中氨限量的标准，这预示着我国建筑材料发展的新方向。

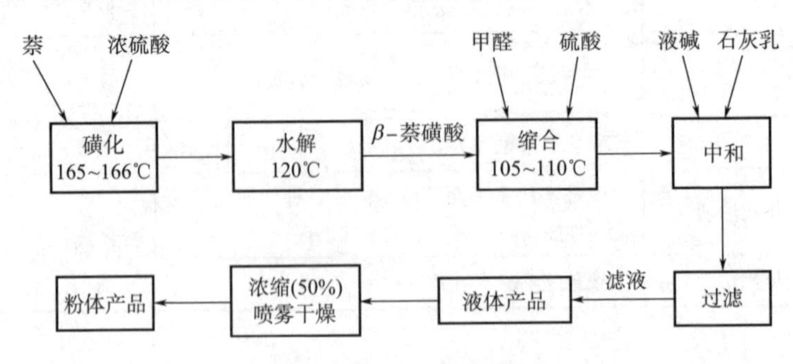

图1.1　萘系减水剂制备流程图

在工程中应用较多的另外一种高效减水剂——氨基磺酸系高效减水剂（ASF），其原材料主要是氨基苯磺酸、苯酚和甲醛，这种减水剂同样存在低分子化合物残留的问题。目前研究人员已经非常重视这一情况，希望通过改进

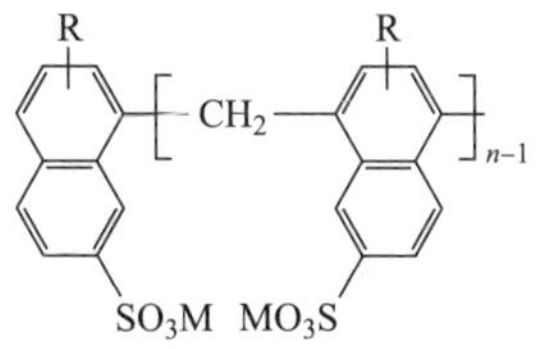

图1.2 萘系减水剂结构式

生产合成工艺和原材料配比以尽量减少小分子化合物残留，降低减水剂对环境潜在的威胁。

1.1.2 天然高分子制备混凝土外加剂的优势

材料过程工程学核心问题是材料的循环利用，尤其是可再生资源的充分利用。天然高分子材料具有种类繁多、可再生、生物相容性好等众多优点，其中植物纤维、淀粉是地球上较为丰富的两种可再生天然高分子材料。植物通过光合作用，能生产出大量的纤维素、淀粉，是世界上重要的工业原料。以纤维素为例，据统计，地球上可再生的纤维素达1000亿吨以上，但是这种廉价而取之不尽的再生资源远未得到充分利用。因此进一步有效地利用这种储量巨大、可再生的纤维素资源，开拓纤维素在新领域中的应利用就成为研究人员关注的热点问题。

表1.2是几种植物的主要组成，从中可以体现出自然界中纤维素含量之丰富。植物体的主要成分是纤维素，伴随有木质素和树脂等成分。在植物体中，棉是纤维素含量最高，且纤维素纯度也非常高，是研究纤维素改性的理想材料，可以省去纤维素提纯等过程。因此，文中主要研究棉纤维素的改性利用，在此基础上可以考虑其他植物秸秆的充分利用。

表1.2 部分植物的成分

植物名称		成分/%			
		多戊糖	木质素	纤维素	果胶
茎秆纤维	荻	21.79	18.88	48.52	1.68

续表

植物名称		成分/%			
		多戊糖	木质素	纤维素	果胶
茎秆纤维	芦苇	25.13	19.26	41.57	1.68
	高粱秆	24.40	22.52	39.70	
	蔗渣	23.51	19.30	42.16	
	稻草	18.06	14.05	36.20	
	麦草	25.56	22.34	40.40	
	玉米秆	24.58	18.38	37.68	
	棉秆	20.76	23.16	41.26	
韧皮纤维	大麻屑	4.91	4.03	69.51	2
	亚麻屑	—	—	70.75	3.41
	蓖麻屑	—	1.81	82.81	3.41
	黄麻	—	11.78	65.32	0.38
	棉秆皮	17.27	22.78	62.76	8.84
种子毛纤维	棉屑	—	—	95 ~ 97	1
	棉短绒	—	—	98 ~ 98.6	1 ~ 1.2

目前，纤维素与淀粉除用于纺织、造纸、塑料等传统行业外，还在食品化工、日用化工、医药、建筑、油田化学及生物化学等领域得到广泛利用。其中纤维素除了木材等作为结构材料、装饰材料等的直接应用外，还可以利用纤维素纤维增强水泥、增强混凝土，也可以利用纤维素衍生物改性水泥浆、砂浆、混凝土等。

1.2 天然高分子及其衍生物

1.2.1 纤维素和淀粉的结构

早在1838年，法国科学家Anselme Payen发现并命名了纤维素（cellulose）。

目前已知纤维素是一种广泛存在于自然界的聚多糖高分子化合物，其化学结构是由纤维素二糖（cellobiose）为重复单元，通过β-(1,4)-D-糖苷键连接而成的线型高分子，每个脱水葡萄糖单元（anhydroglucose unit，AGU）上位于C_2、C_3和C_6原子上的羟基，具有伯醇和仲醇的反应性质，邻近的仲羟基表现出典型的二醇结构特性。纤维素链末端羟基具有不同特性，如C_1端羟基具有还原性，而C_4末端羟基具有氧化性。它键接的氧和葡萄糖环上的氧主要形成分子内和分子间氢键，并参与降解反应。纤维素分子结构如图1.3所示，其化学结构式为$(C_6H_{10}O_5)_n$。

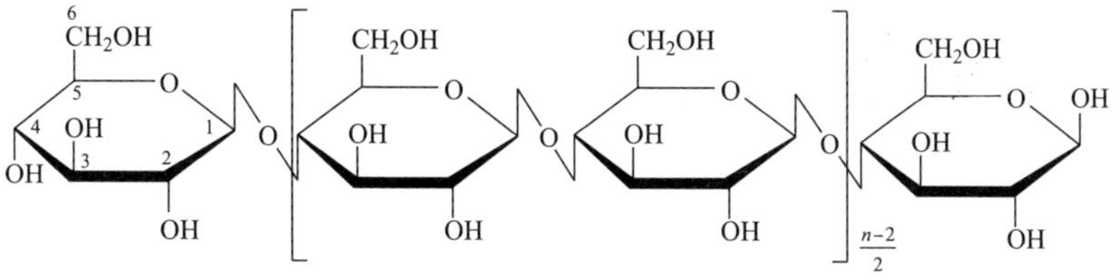

图1.3　纤维素的分子结构

从纤维素分子结构不难看出，分子链上存在大量的羟基具有较强反应活性，易于形成分子间和分子内氢键，纤维素分子链易聚集，趋于平行排列而形成结晶性原纤结构。存在于纤维素分子链的氢键对纤维素形态及反应性有重要作用，尤其是C_3羟基与邻近分子环上的氧形成的分子间氢键，增强了纤维素分子链的线型完整性和刚性，形成致密的结晶区，同时存在分子链疏松对齐的无定形区，形成两相共存结构，这种特定结构对纤维素物理化学性能存在深远影响。

纤维素分子链上每个脱水葡萄糖单元上均有3个活泼羟基，可发生一系列与羟基有关的化学反应。由于纤维素分子特殊的晶区和非晶区共存的形态结构，决定其反应大多在非均相（heterogeneous）体系进行，如传统的纤维素改性，包括醚化（甲基化、羧甲基化、羟乙基化、羟甲基化等），酯化（硫酸酯化、硝酸酯化、醋酸酯化等）等，在工业上大多采用多相介质进行反应。在进行反应之前，为改善多相反应的不均匀性和提高纤维素反应性能，通常要进行溶胀或活化处理，大多以异丙醇、乙醇等纤维素的溶胀剂和水为反应介质，用碱或酸溶胀纤维素，减弱甚至破坏其分子间氢键，使反应具有均一性。

随着研究人员对纤维素反应体系的深入研究，出现较多的均相（homogeneous）溶剂体系。100多年前就已经发现铜氨溶液能够完全溶解纤维素，但是受溶剂属性的限制，铜氨溶液只能用在测定纤维素聚合度方面。近年来开发出无毒、无污染的新纤维素溶剂体系。如8%～10%NaOH水溶液，NH_3/NH_4SCN水溶液、$ZnCl_2$水溶液、*N*-甲基吗啉-*N*-氧化物（NMMO）、二甲基甲酰胺或二甲基亚砜（DMF或DMSO）/N_2O_4、LiCl/*N*,*N*-二甲基乙酰胺（DMAc）等。这些纤维素溶剂体系尽管对纤维素改性研究带来新的发展方向，能够使产物具有取代度较高、取代均匀等特点，但是成本较高，生产工艺较复杂，仅局限于实验研究，很难得到工业化推广。

与纤维素相比，淀粉分子主要是α-(1,4)-D-糖苷键连接而成的大分子，与纤维素分子结构不同的是，淀粉分子既有直链结构，又有支链结构，其结构如图1.4所示。因此决定了两者的物理化学性能差别很大。

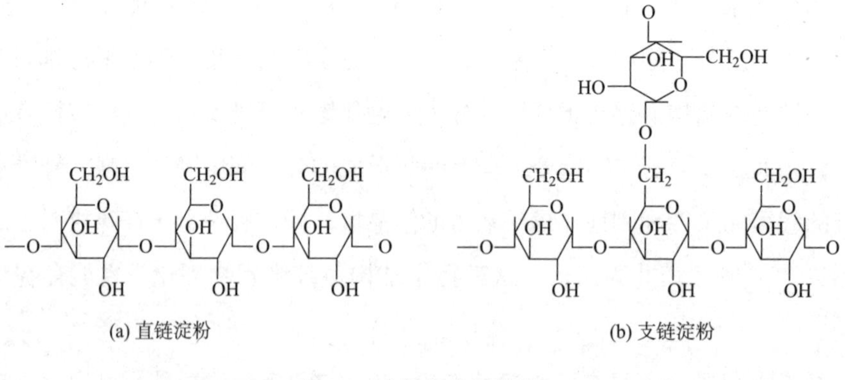

(a) 直链淀粉　　(b) 支链淀粉

图1.4　淀粉的分子结构

1.2.2　纤维素改性

纤维素改性（modification of cellulose）也称纤维素功能化，是通过物理、化学等手段赋予纤维素新的功能。如纤维素本身不能溶于水，可通过醚化、酯化等衍生物化得到不同取代基和不同取代度的水溶性产物；通过接枝反应制备高吸水性树脂、水溶性纤维素醚疏水改性等；也可以采用力学的方法改变其表面特性。

（1）物理改性

纤维素物理改性主要是采用特殊加工的手段改变其物理形貌，达到改性的目的。这类方法包括：

①热处理法：纤维素中有游离水和结合水，游离水可通过干燥除去，结合水则很难除去。

②放电技术：包括电晕、低温等离子体、辐射等方法。电晕处理技术是表面氧化作用中的最有效的方法之一，这种反应可以大量激活纤维素表面的醛基，进而改变纤维素的表面能。

③机械法：拉伸、压延、混纺等机械方法也可改变纤维的结构和表面性质，以利于复合过程中纤维的力学交联作用。

（2）化学改性

纤维素化学改性主要分为纤维素降解反应和基于羟基的纤维素衍生化反应，纤维素的降解主要有氧化降解、酸降解、碱降解、机械降解、微生物降解等。而纤维素衍生化则主要包括醚化、酯化、接枝共聚和交联等。

①纤维素的酸降解：纤维素的酸性水解（简称酸水解）是指在酸介质中，纤维素大分子中的1,4-β-糖苷键发生断裂，导致纤维素聚合度降低，使纤维素的物理化学性质发生不同程度的改变。

经酸水解后不溶于水的生成物被称为水解纤维素。它不是一种有固定组成的化合物，也不是均一性的产物，而是一种依水解程度不同、聚合度不同的混合物。水解纤维素的一般性质如下：与原来纤维素相比，羟基增多，其吸水性改变；醛基（还原性）增加，铜价提高，受弱碱和热作用会发生变黄作用；聚合度下降，该溶液的黏度减小；纤维组织被损坏，纤维强度降低，水解纤维素经过干燥后可揉成粉状体。

纤维素酸水解机理示意见图1.5。纤维素中的1,4-糖苷键具有缩醛键的性质，对酸敏感，当酸作用于纤维素时，苷键发生断裂，聚合度降低。因此酸降

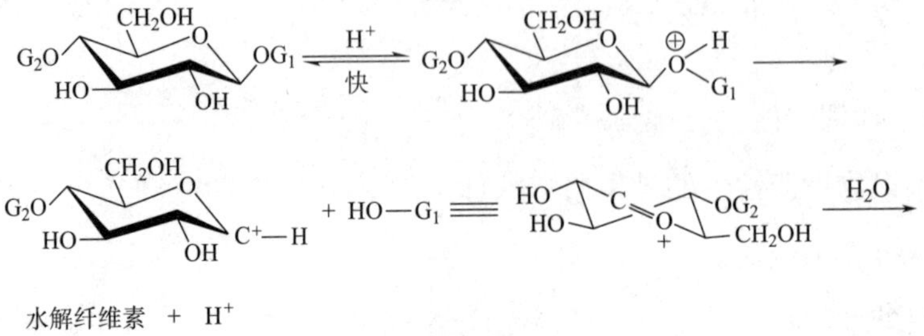

水解纤维素 + H^+

图1.5 纤维素酸水解机理示意图

G_1,G_2为葡萄糖基

解纤维素的反应机理可分为三个阶段：纤维素上糖苷氧原子迅速质子化；糖苷氧上的正电荷缓慢地转移到C_1上，接着形成一个碳阳离子并断开糖苷键；水迅速地攻击碳阳离子，得到游离的糖苷基并重新形成水合氢离子。这个过程连续进行下去会引起纤维素分子链的逐次断裂。

水解产物的聚合度与原材料、酸种类、酸浓度、反应温度以及反应时间等有关。有报道称，纤维素原料预处理对聚合度影响非常大，如采用液氨处理的纤维素，再用6.5mol/L的HCl于60℃下经3h水解，得到的纤维素聚合度为27～39；其他条件一致的情况下，而未经液氨处理的纤维素，聚合度可达到55～77。

纤维素酸水解时反应速度具有“先快后慢”的特性，科研人员普遍认为是由于纤维素分子结构上存在结晶区和无定形区两相结构所决定的。水解刚刚开始时，酸液首先扩散到无定形区，几乎同时发生水解作用，因此初始反应速度很快。但是当无定形区内的纤维素链分子水解完毕后，酸分子很难甚至根本不能进入结晶区，至多在结晶区表面逐渐作用，故水解速度变得缓慢而渐渐趋于稳定，基本上纤维素聚合稳定在某一范围内，这种特性是制备平衡聚合度纤维素的基础。

②纤维素的碱水解：纤维素不仅在酸存在的条件下发生水解，在碱性条件下纤维素也能发生分子链断裂，这个过程称为碱性降解作用。根据发生碱性降解的条件不同，反应历程也不同，可以分为碱水解和剥皮反应（Peeling Reaction）两种。一般在高温下（150℃），有碱液存在下纤维素会发生碱水解

的作用。碱水解作用机理与酸水解近似，也是生成还原性末端基，分子量下降。但是当温度低于150℃时，大多发生剥皮反应。所谓剥皮反应就是指纤维素分子的末端存在一个还原性的醛基，这个包含有醛基的葡萄糖分子在碱的作用下，一个接一个地脱掉，大约脱去几十个单位后直到产生的纤维素末端基转化为偏变糖酸基才会停止。因此剥皮反应的发生条件是“三个条件两个阶段”，即碱液、150℃以下的温度和末端醛基，最初发生剥皮反应，然后是稳定作用阶段。这也是在碱性条件下纤维素醚化过程会伴随纤维素降解的一个重要原因。

③纤维素醚化反应：纤维素醚是天然纤维素经化学改性得到的纤维素衍生物，是工业上重要的水溶性聚合物之一，其种类繁多，具有很多独特的性质，在各行各业中都有广泛应用。制备纤维素醚的化学反应可以按以下两种反应机理解释：

a．亲核取代反应，也称Williamson反应，碱纤维素与卤代烃的反应属于此类反应：

$$R_{cell}-OH+NaOH \rightleftharpoons R_{cell}-O\begin{matrix}\cdot H\cdot \\ \cdot Na\cdot\end{matrix}O-H \rightleftharpoons R_{cell}-\bar{O}+\overset{+}{Na}+H_2O$$

$$R_{cell}-O^{-}+CH_3X \longrightarrow R_{cell}-OCH_3+X^{-}$$

这类反应属于不可逆反应，反应速度控制着取代度及其取代基分布，如乙基纤维素（EC）、羧甲基纤维素（CMC）等均属此类反应。生成纤维素醚前的醚化剂开环，也属于不可逆反应，如环氧乙烷、环氧丙烷制备羟乙基纤维素和羟丙级纤维素等。

b．可逆的加成反应，也称Michael反应。此类反应是在碱催化条件下，一个乙烯基加成到纤维素羟基上的反应。最典型的例子是丙烯腈与纤维素的反应。

$$R_{cell}-\bar{O}+H_2C=CH-C\equiv N \rightleftharpoons R_{cell}-O-CH_2-\bar{C}H-C\equiv N$$

$$R_{cell}-O-CH_2-\bar{C}H-C\equiv N+H_2O \rightleftharpoons R_{cell}-O-CH_2-CH_2-C\equiv N+OH^{-}$$

上述纤维素醚化两种反应机理基本上解决了纤维素单一醚、混合醚的合成问题。

1.3 天然高分子在建筑材料中的应用

如前文所述，以纤维素为代表的天然高分子材料在建材领域的应用途径主要有两种，一是直接以纤维状态应用，将纤维素纤维作为增强材料使用；二是将纤维素经过改性制备成水溶性衍生物，然后再应用到水泥浆、砂浆，甚至混凝土中。

1.3.1 纤维素纤维在建筑材料中应用

纤维增强水泥基复合材料是由水泥净浆、砂浆或水泥混凝土做基材，以非连续的短纤维或连续的长纤维作增强材料组合而成的一种复合材料。纤维在其中起着阻止水泥基体中微裂缝的扩展和跨越裂缝承受拉应力的作用，因而使复合材料的抗拉与抗折强度以及断裂能较未增强的水泥基体有明显的提高。20世纪60年代中期起，钢纤维增强混凝土在土木工程中获得日益广泛的应用，在研究其增强机理时，人们发现了纤维与混凝土之间的密切关系，纤维增强混凝土的研究蓬勃开展起来。

近年来，使用价格相对低廉的天然植物纤维的研究和应用越来越受到世界各国特别是发展中国家的重视。使用天然植物纤维作为水泥增强材料始于 20世纪初期，当时是用它制成木浆纤维来代替石棉以生产纤维水泥板。进入20世纪80年代以来，资源短缺、能源匮乏、生态环境恶化等诸多问题的出现使人们对天然植物纤维这类可再生、无污染的材料产生极大兴趣，并且由此提出了环境协调材料（environment conscious materials）的概念。世界各国逐渐开始热衷于研究和开发利用天然植物纤维做水泥砂浆的增强材料，以探索用植物纤维增强水泥来制作廉价的建筑材料。

各种植物纤维不论结构变化多大，其主要成分都是纤维素，因此称为纤维素纤维，由于纤维素表面大量的羟基在分子内或分子间形成氢键，使纤维素纤维具有很高的强度、结晶度和取向度，可与水泥水化产物中的大量羟基基团形成氢键，从而增进界面的致密性，加强界面黏着强度以及扩大纤维阻裂增强的界面效应。另外，纤维素纤维能够有效地提供如黏着强度和抗拉强度等关键性质所需的平衡，这也是将其作为水泥基材增强材料的重要原因之一。

1.3.2 纤维素水溶性衍生物在建筑材料中的应用

在掺加高效减水剂的混凝土中，可能产生离析、泌水和沉降等现象，通常要加入其他外加剂来保持水泥基材料中自由水，并改善其流动性、和易性。以自密实混凝土（self-compacting concrete，SCC）为例，由于自密实混凝土是通过限制粗骨料含量和最大粒径以及通过高效减水剂降低水灰比来实现的，在SCC的运输、放置过程中，高流动性可能导致离析、泌水，因此往往掺加增黏剂进行改善。增黏剂（viscosity-enhancing admixtures，VEAs），也称抗水冲散剂（antiwashout admixtures）、黏度改性剂（viscosity—modifying admixtures），是一类水溶性聚合物，能增加水泥基材料的黏聚性和黏结力，提高水泥基材料均匀性和硬化产品的性能。VEAs最早于20世纪70年代中期在德国应用，然后在80年代早期引入日本。VEAs主要是用于水泥基灌浆材料、喷射混凝土、水下抗分散混凝土、自密实混凝土等一些特殊混凝土施工中。一般情况下与高效减水剂配合使用，以获得较大流动度和黏度，使新拌水泥基材料能够立即流入浇筑点而使体系中不同密度的各种材料分离性最小、水下浇筑过程中混入的水量最小。

（1）VEAs分类

增黏剂按其材料来源不同可以分为五类：第一类包括纤维素醚、聚乙烯醇（PVA）、聚丙烯酰胺（PAM）、聚氧化乙烯（PEO）等能提高水溶液黏度的水溶性天然高分子衍生物和合成高分子；第二类是有机水溶性絮凝剂，通过在水泥颗粒表面吸附，使两者之间吸引力增强，进而提高黏度，如苯乙烯共聚物、合成聚电介质及天然胶等；第三类属于有机材料的乳液，它们能够提高粒子间吸引力，并且为水泥浆提供额外的超细粒子，如丙烯酸乳液和水溶性黏土分散剂等；第四类包括硅灰等高表面积的水润胀性无机材料，如膨润土、硅粉等；第五类包括高表面积的无机粒子，能改善水泥浆触变性，如粉煤灰、熟石灰、高岭土等。

从获得途径可将有机增黏剂分为天然水溶性聚合物，半合成聚合物和合成聚合物。天然聚合物包括淀粉、瓜儿胶（guar gum）、藻酸盐、琼脂（agar）、阿拉伯胶、welan胶以及植物蛋白。半合成聚合物包括：降解淀粉及其衍生物、纤维素醚衍生物等。合成的聚合物包括：基于乙烯的聚合物，如聚氧化乙烯（PEO）、聚丙烯酰胺（PAM）、聚丙烯酸酯（PA）等；基于乙烯基的，如聚乙烯醇（PVA）。

（2）VEAs作用机理

增黏剂作用机理与聚合物的种类、浓度有关。对于welan胶和纤维素醚衍生物，作用机理可以分为以下三种：

①吸附作用。长链聚合物分子吸附了周围的水分子，这种对拌和水分子的吸附和固定促进了大分子的扩展。从而增加了拌和水的黏度和水泥基产品的黏度。

②联合（association）。邻近聚合物分子链的分子能产生吸引力，进一步阻止水分子的移动，导致凝胶体的产生和体系黏度的升高。

③缠绕（intertwining）。在低剪切条件下，尤其是高黏度，聚合物分子链相互缠绕，使表观黏度上升。这种缠绕可以被分散开来，在高剪切速率情况下，聚合物分子链能在剪切方向上取向，表现出剪切变稀的行为。

（3）纤维素衍生物增黏剂应用

Welan胶是目前性能最好的增黏剂之一，它是一种微生物源的多糖物质，其生产工艺过于复杂，掺量较高，而且价格昂贵，难以推广。纤维素衍生物类的增黏剂以其自身特性跻身于其中，成为不可忽略的一个大类，其出色的价格竞争力以及结构可变化性突出，可根据需要改变取代基团、改变分子量、改善亲水性等结构上的优势是其他种类增黏剂所不具有的。

有专利称，乙基羟乙基纤维素（ethylhydroxyethyl celluloses，MHEC）、甲基羟丙级纤维素（methylhydroxypropyl celluloses，MHPC）、羟乙基纤维素（hydroxyethyl celluloses，HEC）、乙基羟乙基纤维素（ethylhydroxyethyl celluloses，EHEC）、甲基羟乙基纤维素（methylethylhydroxyethyl celluloses，MEHEC）、乙基羟乙基纤维素疏水化改性物（hydrophobically modified ethylhydroxyethyl celluloses，HMEHEC），以及疏水化改性羟乙基纤维素（hydrophobically modified hydroxyethyl celluloses，HMHEC）等，均可以制备水泥挤出砂浆，而且制品的抗龟裂性能得到显著改善，保水增黏性能大大提高。其他的常见的几种纤维素改性物如羧甲基纤维素（carboxymethyl cellulose，CMC）、羟乙基纤维素（HEC）、羟丙基纤维素（HPC）及纤维素混合醚被用作增黏剂，被用来改善水下施工混凝土或保水砂浆性能。

水溶性纤维素醚水溶液的浓度、环境温度、体系pH值、添加剂的化学性质及搅拌速率都会影响其溶液凝胶温度和黏度，特别是水泥制品都是碱性环境的无机盐溶液，通常会降低纤维素衍生物水溶液的凝胶温度和黏度，给使用带来不利影响。因此根据纤维素醚的特点应尽量在较低温度下（凝胶温度以下）使用，其次要考虑添加剂等的影响。有研究表明，水溶性纤维素衍生物的分子量对水泥复合材料的强度有明显影响，随分子量的提高，相同掺量下复合材料的强度呈下降趋势，且随掺量的增加，缓凝现象逐渐严重。纤维素醚除了可保证干拌砂浆优异的保水性这一最基本的特性之外，还可用改性纤维素醚优化砂浆工作性和改善硬化砂浆性能，纤维素衍生物，如羟乙基甲基纤维素就能明显改善水泥砂浆的孔结构。

1.3.3 天然高分子衍生物在建筑材料中的应用进展

由于聚多糖类天然高分子具有易于发生化学反应、易于改性利用等特性，其衍生物被广泛开发利用。研究人员尝试采用聚多糖改性的方法，将可与水泥颗粒表面作用的离子基团引入分子链上，进而来合成减水剂，甚至高效减水剂。目前有专利研究聚多糖改性制备减水剂，这些原材料包括1,3-β-D-葡聚糖、半纤维素、淀粉、纤维素等，改性方法也涵盖了烷基磺酸化、羧甲基化及硫酸酯化等醚化、酯化工艺。Tegiacchi等曾尝试通过对半纤维素和淀粉烷基磺酸化，制备混凝土高效减水剂。其专利称，聚多糖聚合度（degree of polymerization，DP）在100左右，烷基磺酸取代度（degree of substitution，DS）在0.2～1.5范围内，能够提高砂浆的流动度，但是关于在混凝土中应用情况没有涉及。Tanaka 等将1,3-β-D-葡聚糖和甲基纤维素经硫酸酯化，发现将产物分子量控制在1.0×10^5～1.5×10^5 g/mol，硫含量5.5%～20%时，掺加这类产物能提高混凝土流动度，同时提高了混凝土28d强度，而且不会延长混凝土凝结时间，效果与三聚氰胺系减水剂效果相当。Lars Einfeidt等在专利中称，某些多糖衍生物经过化学反应，分子链上引入强亲水基团，可得到对水泥具有良好分散能力的水溶性多糖衍生物，如羧甲基纤维素钠（CMC）、羧甲基羟乙基纤维素（carboxymethyl hydroxyethyl cellulose，CMHEC）、纤维素硫酸酯（sulfate esters of cellulose，SC）、磺酸烷基淀粉（sulfoalkylated starch，SAS）等。CMHEC要求纤维素聚合度在20～150范围内，产物中羧甲基取代度*DS*在0.5～1.5之间，羟乙基摩尔取代度（degree of molar substitution，MS）在0.5～3.5之间；纤维素硫酸酯的取代度在0.1～2之间，都能对矿物黏合料发挥良好的流化作用。Simone Knaus等研究发现，将羧甲基纤维素（CMC）及羟乙基羧甲基纤维素（HECMC）分子链引入磺酸基团，达到一定磺化度时，分子量在1.0×10^5～1.5×10^5g/mol的范围内，对水泥颗粒表现出良好的分散能力（减水能力），减水分散能力与混合醚的取代度和分子量有关。Vieira等研究了淀粉和纤维素离子衍生物作为可生物降解的、用于砂浆/混凝土分散剂的可能性。研究结果显示，淀粉水解程度越高，衍生化产物的水溶液黏度越低，对水泥基材料的流动度提高越明显；而纤维素经过降解，得到聚合度100左右的LODP纤维素，再经过醚化改性得到的CMHEC同样是分子量越低，对砂浆/混凝土的分散作用越明显。但总体来说，纤维素衍生物减水分散效果不如淀粉衍生物。

国内刘伟区等曾以棉短绒为原材料制备纤维素硫酸酯，产物可提高水泥净浆流动度，并且研究了产物与萘系减水剂、三聚氰胺系减水剂复配在水泥净浆中的应用性能，发现产物水泥净浆流动度不仅能达到与单纯萘系减水剂和三聚氰胺系减水剂相近的效果，而且改善了水泥净浆的黏聚性，表现出纤维素基减水剂特有的性质，但是研究中未提及产物分子量及取代度等分子结构对产物性能的影响。

龚福忠等以蔗渣为起始反应物，制备出可以增强混凝土的减水剂。甘蔗渣中纤维素的含量高达64%，且木质素含量较高，木质素磺酸钠是一种优良的分散剂，因此可以将甘蔗渣为原料合成纤维素硫酸钠和木质素磺酸钠复合的水溶性分散剂。作者实现了反应体系中所需的有机溶剂回收利用，认为以甘蔗渣为原料生产纤维素硫酸钠和木质素磺酸钠混合物作为水溶性分散剂时，生产成本较低，工艺路线简单，无三废，属于绿色化学范畴。

程发等采用半干法以淀粉为原料，将淀粉磺化后制备了无毒、无污染的淀粉硫酸酯混凝土减水剂，试验证明该减水剂能够达到高效减水剂的效果。作者提出该类减水剂可将不溶于水的葡萄糖环视为疏水基，亲水性强的磺酸基作为亲水基团，使硫酸酯化淀粉具备表面活性剂的基本结构。该作者研究了基于淀粉的减水剂在水泥净浆中的应用性能，但是未见有在砂浆、混凝土中应用性能方面的相关报道。Zhang等研究了对高取代度的羧甲基淀粉、淀粉硫酸酯和淀粉丁二酸单酯的合成及在水泥基复合材料中的应用，发现这几种产物对水泥颗粒均具有良好的分散效果。

对基于淀粉或纤维素等聚多糖衍生物减水剂的研究表明，无论是淀粉、纤维素，或者其他种类聚多糖，经过合理的分子设计，采用适当的反应条件，均有希望制备成混凝土减水剂，或高效减水剂。

由于天然高分子本身具有的、不可替代的优势，开发研究基于纤维素、淀粉的新型混凝土减水剂，提高天然高分子的利用效率，扩大天然高分子应用领域非常必要。

如前文所述，天然聚多糖种类繁多，来源广泛，其中极为普遍的是纤维素和淀粉，且价格低廉，各种纤维素衍生物在各行各业中应用十分广泛，纤维素醚更有“工业味精”之称。通过综述目前建筑材料领域中天然高分子的应用现状，可知人们已经意识到天然高分子开发利用的重要性，但是对于纤维素在建筑材料中的充分利用依然任重道远，目前有关纤维素基减水剂的研究尚未有系统的研究成果报道。仅有的几种认为可以作为混凝土减水剂应用的纤维素衍生物大多是纤维素混合醚/混合酯，需经多步化学反应制备，反应时间较长，消耗试剂较多，且在应用效果上与目前商用减水剂还存在一定差距。选择纤维素为原材料制备混凝土减水剂主要出于充分利用纤维素资源、减少环境污染（纤维素资源的废弃造成的污染和产物应用造成的危害）、降低减水剂成本等几方面考虑。采用纤维素的优点，首先是不受石油资源的限制，其次减少植物废弃物处理带来的环境污染，采用合适的反应试剂有望降低减水剂的成本。

系统地研究丁基磺酸纤维素醚（SBC）的合成条件，在水泥基复合材料中的应用性能，探讨作为减水剂的作用机理。作为比较，对羟乙基纤维素进行改性，制备了硫酸酯化羟乙基纤维素；采用微波辐照方法制备了高取代度淀粉顺丁烯二酸半酯（SMHE），研究不同种类纤维素衍生物及淀粉改性物作减水剂的特性。首先采用稀盐酸降解纤维素的方法，制备LODP纤维素，在此基础上研究纤维素基减水剂的合成工艺，确定最佳反应条件。表征减水剂的分子结构与性能：通过核磁共振、红外光谱、凝胶色谱等现代测试手段，表征减水剂的分子结构；通过掺加减水剂的水泥、砂浆与混凝土的性能检测，表征减水剂的性能。探讨新型减水剂的减水分散机理：通过测定水泥净浆流动度、ζ电位、减水剂吸附量、吸附层厚度及水化放热情况等，分析不同取代度、分子量等因素对减水剂分散性能与流动度保持性能的影响，结合掺加SBC的水泥水溶液中水泥颗粒间受力情况探讨纤维素基减水剂的吸附—分散作用机理。探讨磺化羟乙基纤维素制备方法和淀粉顺丁烯二酸半酯的合成，研究其作为减水剂的应用性能。并且将两者性能与SBC性能进行比较分析。在减水剂应用性能方面，采用分形维数来确定减水剂饱和掺量，以期得到确定减水剂饱和掺量的新方法。在水泥絮凝理论基础上，引入减水因子概念，指导混凝土配合比设计中用水量的确定。

第2章　原材料与试验方法

2.1　原材料与试剂

棉纤维素（聚合度约1100，铜氨溶液测得）；淀粉糊精（含水率4.3%）；羟乙基纤维素（*DS*=2.1，*MS*=3.3）；氯磺酸；二氯乙烷；1,4-丁基磺酸内酯（BS，分析纯，四平精细化工厂提供）；氢氧化钠（分析纯，市售）；盐酸（36.5%，分析纯，市售）；异丙醇（分析纯，市售）；无水乙醇（分析纯，市售）；无水甲醇（分析纯，市售）；1mol/L铜氨溶液（实验室配制）；ISO标准砂（市售）；砂（河砂，细度模数为2.63）；石子（碎石，级配良好，粒径为5～25mm）；SNF减水剂（大连西卡，固含量为40%的棕色水溶液，为方便计量，在60℃下干燥至粉状）；水泥（硅酸盐水泥P. Ⅱ 52.5R，小野田水泥厂；普通硅酸盐水泥P.032.5R，P.042.5R，小野田水泥厂）。

水泥矿物组成及化学成分如表2.1～表2.3所示。

表2.1　大连小野田P. Ⅱ 52.5R硅酸盐水泥

化学成分/%								矿物组成/%	
SiO_2	Fe_2O_3	Al_2O_3	CaO	MgO	烧失量	K_2O	Na_2O	C_3S	C_3A
19.35	2.24	5.39	67.57	0.07	2.39	0.53	0.28	67.1	9.3

表2.2　P.042.5R（小野田）水泥组成

化学成分/%						矿物组成/%			
SiO_2	CaO	Al_2O_3	MgO	Fe_2O_3	烧失量	C_3S	C_2S	C_3A	C_4AF
20.78	5.47	63.92	3.51	4.34	0.02	59.30	14.83	7.13	13.19

表2.3　P.032.5R普通硅酸盐水泥

化学成分/%						矿物组成/%			
SiO_2	Fe_2O_3	Al_2O_3	CaO	MgO	烧失量	C_3S	C_2S	C_3A	C_4AF
21.96	3.79	6.62	59.96	3.02	0.37	59.60	16.83	8.13	10.19

2.2　主要实验仪器

恒温水浴锅（江苏金坛市科兴仪器厂出品）；电动强力搅拌机（JJ–1型电动搅拌机，搅拌速度0～3000r/min，定时0～120min，功率25～200W，江苏金坛市科兴仪器厂）；微波炉（Galanz WD–800B，广东格兰仕集团，额定功率800W）；恒温干燥箱；水泥净浆搅拌机（SJ–160，沈阳矿山机器厂）；行星式水泥胶砂搅拌机（JJ–5型，沈阳北方检测仪器厂）；跳桌；恒温养护箱；微机控制全自动压力试验机（WHY–300，上海华龙测试仪器厂）；水泥电动抗折试验机（KIJ.5000–I，山东省荣成市石岛仪器厂）；混凝土抗压强度实验机液压机；GSL–101B1激光颗粒分布测量仪（辽宁仪表研究所有限责任公司）；水泥标准稠度维卡仪。

2.3　合成试验装置

2.3.1　SBC的合成

以纤维素为原料制备低分子量水溶性纤维素衍生物，首先是经过一定浓度的盐酸水溶液水解纤维素，得到平衡聚合度（leveling-off degree of polymerization，LODP）纤维素。将纤维素原料加入三口烧瓶，以稀盐酸为试剂，于100℃下水解30min即可得到LODP纤维素。

制备SBC的基本实验装置如图2.1所示。反应体系温度控制主要通过控制水浴温度来实现。

2.3.2　磺化羟乙基纤维素的制备

制备磺化羟乙基纤维素，先将羟乙基纤维素（HEC）加入三口烧瓶，以二氯乙烷作为分散剂，采用低温水浴（冰水混合物），同时进行强烈搅拌，然后缓慢滴加二氯乙烷/氯磺酸混合溶液，控制反应温度防止出现过度磺化现象。装置如图2.2所示。

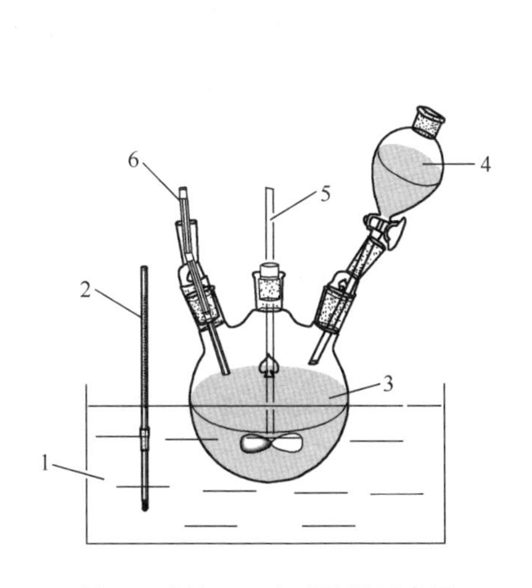

图2.1　制备SBC实验装置示意图
1—恒温水浴　2—温度计　3—三口烧瓶
4—滴液漏斗　5—搅拌棒　6—保护气入口

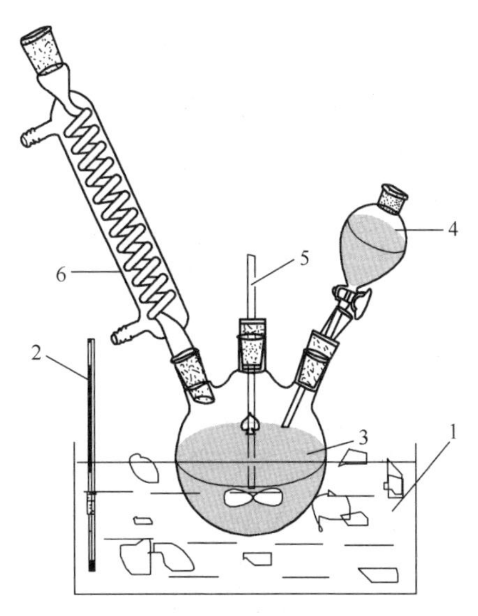

图2.2　磺化羟乙基纤维素示意图
1—恒温水浴　2—温度计　3—三口烧瓶
4—滴液漏斗　5—搅拌棒　6—回流冷凝管

2.3.3　淀粉顺丁烯二酸半酯的制备

采用微波辐射的方法制备变性淀粉。先将淀粉含水量调整到约为12%，然后将马来酸酐与适量淀粉在研钵中充分研磨，混合均匀后，加入坩埚中，将坩埚移入微波炉，在设定的功率下反应一定时间，得到微黄色的产物。将产物在索氏抽提器中以丙酮为溶剂抽提，得到不溶于水的淀粉顺丁烯二酸半酯（starch maleatc half ester，SMHE），经稀碱溶液中和，得到棕色的淀粉顺丁烯二酸单酯钠盐水溶液，对产物进行结构表征及应用性能研究。

2.4 产物的结构表征

2.4.1 红外光谱

实验仪器：红外光谱仪（Spectrum One-B,美国Perkin Elmer公司生产）。

测试方法：原材料经干燥后与KBr一起研磨，然后压片制样用红外光谱仪进行测试；各种产物先经纯化处理，再经干燥后，取约2mg样品，与1 ~ 3gKBr晶体一起研磨，压片，进行红外光谱测试。测试范围：400 ~ 4000cm^{-1}。

2.4.2 核磁共振谱（NMR）

实验仪器：核磁共振波谱仪（nuclear magnetic resonance spectroscopy，Varian INOVA 400，美国 Varian）。

测试方法：先将制备的产物溶于D_2O中，配制合适浓度的溶液，室温下测试产物的^{13}C—NMR和^{1}H—NMR谱图。

2.4.3 分子量测试

分子量及分子量分布是高分子材料最基本的结构参数之一，聚合物分子量具有多分散性，聚合物的性质与分子量及其分布密切相关。聚合物分子量可以分为数均分子量、重均分子量、黏均分子量等，因此测量分子量方法也有很多，有端基分析、膜渗透压法、沸点升高法和冰点降低法、气相渗透等方法测数均分子量；根据溶液的光散射能力与体系大分子质量有关，可采用光散射方法测重均分子量，此方法是一种绝对方法；依据溶液的黏度与体系分子数目、分子大小及分子形态有关，可以测得黏均分子量。聚合物是分子量不均一的分子，用平均分子量与分子量分布可以表征一个多分散体系不同分子量分子的相对含量，凝胶渗透色谱方法是使用现代仪器快速、准确检测的较常用方法。

凝胶色谱方法以溶剂作为流动相，以多孔性填料作为分离介质的柱色谱，是目前表征聚合物平均分子量和分子量分布最快捷、有效的分析方法之一。当溶剂以一定的速度流过色谱柱，不同大小的分子以不同的速度通过柱子而得到分离，最大的溶质分子首先流出，最小的溶质分子最后流出，流出体积等于填料之间的空隙。

凝胶渗透色谱图是用检测器获得流出曲线，通过纵坐标记录洗提液与纯溶剂折光指数差值，相当于洗提溶液的相对浓度，以横坐标记录洗提体积，因此，洗提体积大时溶质分子则较小，反之亦然。测试水溶性纤维素衍生物和水溶性变性淀粉的分子量时，必须使用水作流动相进行检测，这意味着选择色谱柱必须是适合测试以水为流动相的凝胶体系。

在用凝胶渗透色谱测定高分子物质分子量及其分布时，往往能从谱图上同时反映出几种平均分子量：数均分子量M_n、重均分子量M_w、Z均分子量M_z、$Z+1$均分子量M_{z+1}、峰值分子量M_p等。而聚合物的黏均分子量不能通过凝胶渗透色谱法得到，只能利用特性黏度与分子量的经验公式求出，可采用乌氏黏度计进行测量。

几种分子量的定义相似，如在一个多分散体系中有许多不同分子量的组分，假如分子量为M_1，M_2，M_3，…，M_i的各组分，各有N_1，N_2，…，N_i的摩尔数量，则：

数均分子量（M_n）$=\frac{\Sigma N_i M_i}{\Sigma N_i}=\frac{\Sigma W_i M_i}{\Sigma N_i}$；重数均分子量（$M_w$）$=\frac{\Sigma N_i M_i^2}{\Sigma N_i M_i}=\frac{\Sigma W_i M_i}{\Sigma W_i}$；

Z均分子量（M_z）$=\frac{\Sigma N_i M_i^3}{\Sigma N_i M_i^2}=\frac{\Sigma W_i M_i^2}{\Sigma W_i M_i}$；$Z+1$均分子量$M_{z+1}=\frac{\Sigma N_i M_i^4}{\Sigma N_i M_i^3}=\frac{\Sigma W_i M_i^3}{\Sigma W_i M_i^2}$。黏均分子

量$M_v=\left[\frac{\Sigma N_i M_i^{a+1}}{\Sigma N_i M_i}\right]^{1/a}$。$M_w/M_n$比值作为高分子的多分散指数，可以根据分子量分布计算相对分散指数。

本书选择有代表性的水溶性产物采用GPC方法测定分子量。为便于控制反应条件和探讨反应条件对产物应用性能的影响，合成过程中采用简单易行的乌氏黏度计法测定特性黏数，间接地表征其分子量。

（1）凝胶渗透色谱法（Gel Permeation Chromatography，GPC）。

①仪器：Waters 515 型凝胶色谱仪配置（美国 waters 公司）。检测器：waters 2410 示差折光检测器。流动相：0.1mol/L的$NaNO_3$水溶液，流速1mL/min。分析柱：Waters Ultrahydrogel 500（7.8mm × 300mm）和Waters Ultrahydrogel 120（7.8mm × 300mm）两根凝胶柱串联。参比物：用聚乙二醇（PEG）作标准曲线，MP分子量分别为：1190000、346000、162000、25300、10000、1100、350。

②测试方法：称取适当质量的水溶性产物，溶于0.1mol/L的$NaNO_3$水溶液，调整到合适黏度，注入分析柱，由仪器自动记录流出体积和保留时间，自动计算测试物的分子量及其分布。

（2）乌氏黏度计法。乌氏黏度计（Ubbelohde capillary viscometer），毛细管直径为0.8mm。

恒温水浴：可选用直径30cm以上、高40cm以上的玻璃缸或有机玻璃缸，附有电动搅拌器与电热装置，供测定特性黏数时应能保证恒温误差在±0.05℃。分度为0.01℃的温度计；分度为0.2s的秒表。

测试方法：将待测物配制成一定浓度的水溶液，取10mL溶液沿洁净、干燥的乌氏黏度计的管2内壁注入B中，将黏度计垂直固定于恒温水浴（25 ± 0.05）℃中，并使水浴的液面高于球C，放置15min后，将管口1、3各接一乳胶管，夹住管口3的胶管，自管口1处抽气，使样品溶液的液面缓缓升高至球C的中部，先开放管口3，再开放管口1，使试样溶液在管内自然下落，用秒表准确记录液面自测定线m_1下降至测定线m_2处的流出时间，重复测定两次，两次测定值相差不得超过0.2s，取两次的平均值为试样溶液的流出时间（t）。溶剂的流出时间，与前述测试方法相同，重复测定两次，两次测定值应相同，为溶剂的流出时间（t_0）。按下式计算特性黏数，其中计算黏均分子量时采用程镕时一点法：

$$相对黏度\eta_r=t/t_0 \tag{2.1}$$

$$增比黏度\eta_{sp}=(t-t_0)/t_0=\eta_r-1 \tag{2.2}$$

$$[\eta]=\frac{1}{c}\sqrt{2(\eta_{sp}-\ln\eta_r)} \tag{2.3}$$

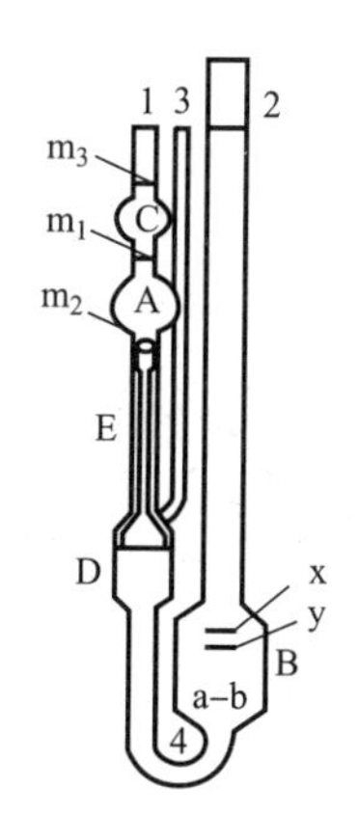

图2.3　乌氏黏度计

1—主管　2—宽管　3—支管　4—弯管　A—测定球　B—储器　C—缓冲球　D—悬挂水平储器　E—毛细管　x、y—充液线　m_1、m_2—环形测定线　m_3—环形刻线　a，b—刻线

2.4.4　取代度的测定

（1）SBC取代度的测定

仪器：电感耦合等离子体发射光谱仪（IRIS Advantage，ICP-AES，美国Thermo Jarrell Ash Co.）测定SBC中硫元素含量，通过数学计算得到磺酸丁基的取代度（*DS*）。

试验方法：取规定质量的丁基磺酸纤维素醚（SBC），水溶后定容至100mL，做ICP测试，测定其特征元素——硫元素百分含量，然后根据下式计算取代度。

$$S_{SBC}=\frac{32DS_{BS}}{162+158DS_{BS}} \tag{2.4}$$

$$DS_{BS}=\frac{162S_{SBC}}{32-158S_{SBC}} \quad (2.5)$$

式中：S_{SBC}为SBC中硫元素百分含量；DS_{BS}为取代度（Degree of Substitution）；162为失水葡萄糖单元（AGU）分子量（g/mol）；32为硫原子量；158为羟基中氢被丁基磺酸基团取代后的增量。

（2）SHEC取代度测定

方法原理同（1）。计算公式如下所示：

$$S_{SHEC}=\frac{32DS_S}{(162-MS_{HEC}+48MS_{HEC}+1)+103DS} \quad (2.6)$$

$$DS_S=\frac{(162-MS+48MS+1)S}{32-103S_{SHEC}} \quad (2.7)$$

式中：S_{SHEC}为SBC中硫元素百分含量；DS_S为取代度；162为失水葡萄糖（AGU）单元分子量（g/mol）；MS为羟乙基纤维素中摩尔取代度（取代物羟乙基摩尔数与AGU羟基摩尔数之比）；103为磺酸钠基团分子量（g/mol）；32为硫原子量。

（3）SMHE取代度测定

对于变性淀粉SMHE，由于特征基团为顺丁烯酸盐，同样由C、H、O组成，不能采用元素分析仪测定特征元素，因此采用Wurzberg提出的化学滴定（Titrimetric Analysis）方法直接测定其取代度。

具体操作如下：准确称取1g左右的样品，加入250mL具塞容量瓶中，以75%的乙醇水溶液分散，加入50℃水浴中保温30min，冷却至室温后，于超声振动下同时滴加0.5mol/L的 NaOH标准溶液10mL，塞紧瓶塞，在振动仪上保持振荡24h，然后用0.100mol/L的标准盐酸溶液滴定，记录消耗掉的盐酸溶液体积V_{HCl}，则SMHE中羧基含量和马来酸取代度可采用下式计算得到：

$$Ma=\frac{(10\times C_{NaOH}-V_{HCl}\times C_{HCl})\times 98\div 1000}{m}\times 100\% \quad (2.8)$$

$$DS_{\mathrm{Ma}}=\left(162\times\frac{Ma}{98}\right)/\left(100-\frac{99}{98}\times Ma\right) \tag{2.9}$$

式中：Ma为顺丁烯二酰基含量；C_{NaOH}为氢氧化钠标准溶液的浓度（mol/L）；V_{HCl}为盐酸标准溶液的体积（mL）；C_{HCl}为盐酸标准溶液浓度（mol/L）；m为样品的质量（g）；98为顺丁烯二酰基的分子量（g/mol）；162为葡萄糖残基的分子量（g/mol）；DS_{Ma}为淀粉马来酸半酯的取代度。

2.5　应用性能的测试

2.5.1　减水剂吸附量测定

测试水泥对减水剂的吸附量方法很多，比较常见的有紫外—可见光谱法、总有机碳法（TOC）、化学需氧量法（COD）和高效液相色谱法（HPLC）。这几种均具有各自的优点，其中紫外—可见光谱法相对简便快捷，适合测试分子结构中带有共轭键或其他生色基团的物质，如测试萘系减水剂的吸附多采用此方法。但是本实验中制备的产物属于聚多糖衍生物，本身不具有生色基团，很难直接采用紫外—可见光谱法测量，而且产物碳元素含量较大，因此选用化学需氧量法测试。

（1）化学需氧量法

试验方法/原理：取体积为V_0（mL）的减水剂溶液，在其中加入已知量的重铬酸钾标准溶液，并在强酸介质下以硫酸银为催化剂，经沸腾回流若干小时，以试压铁灵为指示剂，用浓度为c的硫酸亚铁铵标准溶液滴定为被还原的重铬酸钾，消耗硫酸亚铁铵标准溶液体积为V_2，不加减水剂溶液滴定相同体积的重铬酸钾标准溶液消耗的硫酸亚铁铵标准溶液体积为V_1。用式（2.10）计算减水剂溶液的化学耗氧量：

$$COD(O_2,mg/L)=\frac{(V_1-V_2)\times c\times 8\times 1000}{V_0} \tag{2.10}$$

式中：8为1/4的O_2摩尔质量（g/mol）。

首先测定已知浓度的减水剂的化学需氧量，据此建立化学需氧量与减水剂浓度之间的线性回归方程，作为标准工作曲线。测定各已知浓度减水剂溶液在发生吸附前后的化学需氧量，将两者差值带入线性回归方程，即可计算出该浓度下减水剂在水泥颗粒上的吸附量。

（2）紫外光谱法测定减水剂的吸附量

仪器：紫外—可见光谱仪（UV–260，日本岛津，Shimadzu）。测定波长：340nm。

测试原理：配制一定浓度的SNF减水剂溶液，用紫外光谱测定其减水剂实际浓度C_0（g/mL），准确称量Mg水泥，按一定的水灰比与VmL减水剂溶液混合均匀，待吸附达到平衡（一般为1～2h）后，真空抽滤，取吸附后的减水剂溶液，测定其浓度C_1，则水泥对减水剂的单位吸附量计算公式如下：

$$\Gamma=\frac{V\times(C_0-C_1)}{M}$$

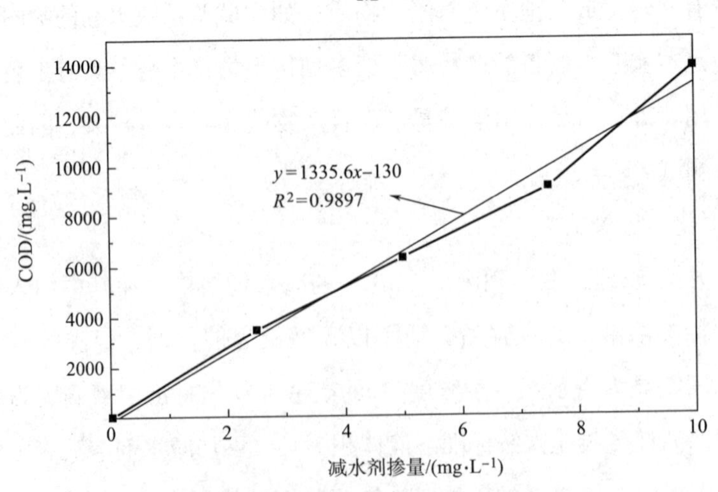

图2.4　SBC化学耗氧量曲线标定

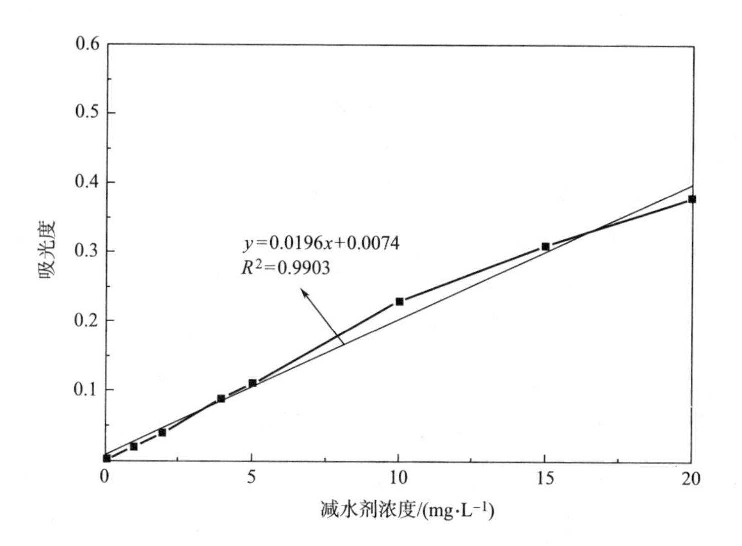

图2.5 SNF减水剂紫外吸收标准曲线

2.5.2 光电子能谱分析（XPS）

仪器：Thermo ESCALAB 250型多功能X射线光电子能谱仪（thermo electron corporation，U.K.），由激发源（X射线源是Al的特征K_α射线，能量为1486.6eV）、样品分析室、能量分析器、电子检测器、记录控制系统和真空系统等组成。

刻蚀条件：Ar离子能量：2.0kV；束流：1.0μA。XPS条件：高压：12kV；发射电流：16mA；FAT高分辨。分析室本底真空度：7×10^{-7}Pa。

制样方法：将浓度为10mg/L的减水剂溶液10mL与5g水泥搅拌15min左右，静置1h，使水泥对减水剂达到吸附平衡，离心分离，用无水酒精终止水化，于50℃烘至绝干，压成粉状，用贴有双面胶的样品台黏附少量粉状水泥，放入仪器样品室内，抽真空到规定真空度，在N_2保护下测定。

X射线光电子能谱早期称作化学分析电子能谱（electron spectroscopy for chemical analysis，ESCA），是目前常用的表面分析技术之一，主要用于成分和化学态的分析。利用X射线光电子能谱可以进行除氢以外的全部元素的定性、

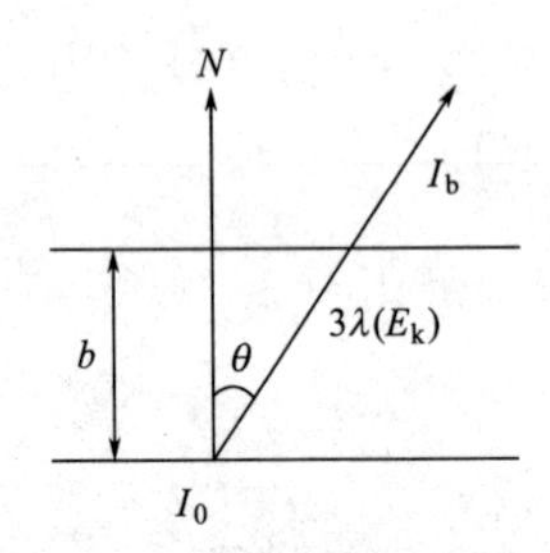

图2.6 XPS角分辨测试原理示意图
I_0—光电子初始强度；I_b—光电子逸出强度；N—试样法线方向；
b—光电子法线方向逸出深度，$b=3\lambda(E_k)\cos\theta$

定量、化学状态分析以及元素浓度纵向深度分析。

（1）XPS角分辨法原理

设初始光电子的强度为I_0，在固体中经过db距离，强度损失了dI，于是有：

$$dI=-I_0 db\lambda(E_k) \tag{2.11}$$

$\lambda(E_k)$是一个常数，与电子动能E_k有关，称为光电子非弹性散射自由程或电子逸出深度，如果b代表垂直于固体表面并指向固体外部的方向是“平均逸出深度”，对式（2.11）积分并代入边界条件（b=0，I=I_0），即可以得到光电子垂直于固体表面出射时，经历厚度为b之后的强度：

$$I_b=I_0\exp[-b/\lambda(E_k)] \tag{2.12}$$

如果光电子是沿着与固体表面法线呈θ角并指向固体外部的方向输运时，公式变为：

$$I_b=I_0\exp[-b/\lambda(E_k)\cos\theta] \tag{2.13}$$

一般而言，$\lambda(E_k)$与自由能之间有如下关系：$\lambda(E_k)=AnE_k^{-2}+Bn(E_k)^{1/2}$对有机分子各常数取值为$An$=49，$Bn$=0.11。通过对不同角度XPS谱图积分可得不同角度的I_b，而I_0与厚度b不变，两式相除，即可得到吸附层厚度b。

（2）刻蚀测试原理

在一定深度范围内变角XPS分析是可行的，但是如果吸附层厚度太大，变角XPS进行深度分析得到的结果偏差较大。因此本试验采用吸附层较薄的SNF

减水剂进行变角XPS测试，然后对吸附SNF的水泥试样利用Ar离子刻蚀的方法进行深度剖析，以此校正实验仪器在相同的实验条件下，Ar离子在吸附层的刻蚀速率。在此基础上，通过刻蚀的方法研究其他几种减水剂的吸附层厚度。选择SNF进行刻蚀是由于它在水泥颗粒表面的吸附层厚度范围大致确定，为0.5～1nm，远低于10nm，因此可采用角分辨XPS的方法确定吸附层厚度，然后采用Ar离子刻蚀，以标定仪器的刻蚀速率。本文合成的减水剂与SNF减水剂分子结构方面差异较大，吸附层厚度也可能差别较大，可能不适合采用变角XPS测试方法来确定其厚度，所以采用Ar离子刻蚀的方法确定吸附层厚度。吸附几种不同减水剂水泥水化试样刻蚀时，当C1s电子强度达到与未掺加减水剂水泥样相当的程度时，判定为刻蚀完毕，记录刻蚀时间，计算吸附层厚度。

2.5.3　水泥颗粒表面ζ电位测定

仪器：Zeta电位分析仪（ZETAPLUS，Brookhaven，US）。

制样及测试方法：按水灰比为400∶1将水泥样品加入一定浓度的减水剂溶液或蒸馏水中，搅拌5min，静置10min，然后取上层清液，注入电泳池中，测定ζ电位，每个试样测定5次，取其平均值作为该浓度下的ζ电位，制样及测试过程均在恒定温度下（20±1）℃进行。

测试原理：根据界面迁移法测定水泥颗粒表面ζ电位，其数值由Helmholtz公式计算。

$$\zeta=4\pi\eta U/DE \tag{2.14}$$

式中：η为测定温度下的介质黏度（P）；D为测定温度下水的介电常数（F/cm）；U为颗粒泳动速度（cm/s）；E为两极间电位（V）。

2.5.4　X射线衍射（XRD）分析

仪器：XRD 6000（日本岛津）。

测试条件：电压40kV，电流30mA，测试速度为4°/min，停留时间为0.30s。

制样方法：将不同水化龄期3d以上的水泥试样充分研磨，过80目筛。加入样品台，表面压平，进行测试；对龄期较短、呈浆状的水泥试样可直接装入样品台，表面抹平，进行测试。

2.5.5 扫描电镜（SEM）分析

仪器：JSM-6460LV（日本电子）。

制样方法：将水泥净浆［水灰比（*w/c*）=0.35，减水剂份数为变量］立方体试块劈裂后，选取试样内部具有代表性的断裂面经喷金处理后，在真空下分析其表面形貌。

2.5.6 差示扫描量热分析（DSC）

仪器：同步热分析仪（DSC/DTA-TG）（NETZSCH STA 449C，德国）

测试方法：将不同水化龄期的水泥试样充分研磨，过80目筛。称取5～10mg样品，加入坩埚后密封，进行测试，升温速度为10K/min。

2.5.7 水化热测定

实验仪器：水泥水化热测定仪（SHR-2型，瓦房店建科实验仪器制造有限公司）。

溶解热法（标准法）测定原理：本方法是依据热化学的盖斯定律，即化学反应的热效应只与体系的初态和终态有关而与反应的途径无关提出的。它是在热量计周围温度一定的条件下，用未水化的水泥与水化一定龄期的水泥分别在一定浓度的标准酸中溶解，测得溶解热之差，即为该水泥在规定龄期内所放出的水化热。

制样、测试方法、计算方法及结果表达均见GB/T 12959—2008《水泥水化热测定方法（溶解热法）》。

2.5.8 水泥粒度分布测定

试验材料：水泥为42.5R普通硅酸盐水泥，大连小野田水泥有限公司生产；试验用水为蒸馏水（减少自来水中矿物质及杂质颗粒对实验结果的影响）；萘系高效减水剂（SNF）；改性木质素系减水剂（ML）；聚羧酸减水剂（PC）；SBC。

仪器：激光颗粒分布测量仪（GSL-101B1）。

试验方法：测试水泥颗粒粒度时，首先配制不同浓度的减水剂水溶液各15mL，加入样品池。每次实验先将称量好的水（或减水剂水溶液）倒入玻璃样品池，在水灰比为1000的条件下，按四分法准确缩取水泥试样，然后慢慢将水泥试样加入样品池。在相同的搅拌条件下测定水泥颗粒粒径分布。

2.5.9 水泥净浆试样制备及性能测试

水泥净浆性能按GB/T 8077—2012《混凝土外加剂匀质性试验方法》、GB/T 1346—2011《水泥标准稠度用水量、凝结时间、安定性检验方法》测定。

（1）水泥净浆流动度测试：称取水泥300g，倒入适当润湿水泥净浆搅拌锅内，加入一定掺量的减水剂及指定用量的拌和水，搅拌3min。将拌好的浆体迅速注入水平位置玻璃板中的截锥体内，刮平，将截锥体沿垂直方向迅速提起，30s后量取垂直方向的两个直径，取平均值为水泥净浆的流动度。

水泥净浆流动度随时间变化测定方法如下：将首次测试完流动度的水泥净浆倒入一干净烧杯中，放在标准箱内养护，以后每隔30min测一次流动度。测试流动度时，先将烧杯从养护箱中取出，用刮刀沿顺、逆时针方向各搅5～10圈，然后按净浆流动度测试方法进行测试。

（2）水泥净浆凝结时间测定：将基准水泥净浆和掺加减水剂的水泥净浆标准稠度调整到（28±2）mm，然后将基准水泥净浆和掺减水剂的水泥净浆装入圆模，放入标准养护箱内养护。按标准要求测定水泥净浆初凝时间和终凝时间。

（3）水泥净浆试块制备：基准样按w/c=0.35制成20mm×20mm×20mm的立方体试块，而掺加减水剂的则是在保证与基准样相当的流动度前提下，装模制样。两者在标准养护条件下养护到规定龄期，测试其他性能。

2.5.10 砂浆、混凝土性能测试

砂浆制备及性能测试按GB/T 2419—2005《水泥胶砂流动度测定方法》、GB/T 17671—1999《水泥胶砂强度检验方法（ISO法）》进行。混凝土实验方法参照GB/T 50080—2016《普通混凝土拌和物性能试验方法标准》、GB/T 8077—2012《混凝土外加剂匀质性试验方法》。

（1）胶砂流动度、抗压强度、减水率、泌水率测定

胶砂流动度按GB/T 2419—2005《水泥胶砂流动度测定方法》进行，未掺减水剂的基准砂浆用水量为W_0，掺加减水剂后砂浆用水量为W_1。砂浆减水率R_{rs}可由式（2.15）计算得到：

$$R_{rs}=\frac{W_0-W_1}{W_0}\times 100\% \qquad (2.15)$$

将根据上述方法制备的胶沙置于容量桶内，用捣棒捣实，在跳桌上振动20次，盖住静置，以备测试泌水率。前1h内每隔15min用吸管吸取泌出的水注入带塞量筒，以后每隔30min取水一次，直至没有泌水出现为止，最后计算出胶砂总的泌水量W_2。则胶砂泌水率R_{bs}可用式（2.16）计算。

$$R_{bs}=\frac{W_2}{W_0}\times 100\% \qquad (2.16)$$

将用上述方法制备的砂浆装入40mm×40mm×160mm试模内并振动成型，放入标准养护箱养护，然后测其不同龄期抗压、抗折强度。

（2）混凝土减水率测定

测试减水率的混凝土配合比为C：S：G=1：2.31：4.09，水灰比为0.58，水泥用量310kg/m^3，砂率36%，单位用水量为180kg，控制坍落度（80±10）mm。将砂、石、水泥倒入搅拌机中，称取所需的水，将占水泥质量1%的减水剂加入水中，使减水剂完全溶解，搅拌3min，倒入平整的铁板上翻拌几次，测其坍落度。加入减水剂时，采用减水因子初步计算用水量，少加入一定量的水，使其坍落度和基准混凝土样的基本一致。减水率按式（2.17）计算。

$$W_R=\frac{W_0-W_1}{W_0}\times 100\% \quad (2.17)$$

W_R为混凝土减水率（W_R以三批试验的算术平均值计，精确到小数点后一位）；W_0为基准混凝土单位用水量（kg/m^3）；W_1为掺外加剂混凝土单位用水量（kg/m^3）。

（3）混凝土抗压强度测定

其他性能测试混凝土配合比为C：S：G=1：1.09：2.53，用水量根据实际情况调整。将搅拌好的混凝土倒入100mm×100mm×100mm的模内，均匀插捣，表面抹平，养护ld后拆模，于标准养护条件下养护，分别测试3d、7d和28d试块的抗压强度，每组测三个样，取其平均值作为该样品的抗压强度值，计算抗压强度比。

（4）混凝土泌水率比测定

泌水率比按式（2.18）计算，精确到小数点后一位数。

$$B_R=\frac{B_1}{B_0}\times 100\% \quad (2.18)$$

式中：B_R为泌水率之比；B_1为掺外加剂混凝土泌水率；B_0为基准混凝土泌水率。

泌水率的测定和计算方法如下：先将容积为5L的带盖筒（内径为185mm，高200mm）润湿，再一次将混凝土拌和物装入，在振动台上振动20s，然后用抹刀轻轻抹平，加盖以防水分蒸发。试样表面应比筒口边低约20mm。自抹面开始计算时间，在前60min，每隔10min用吸液管吸出泌水一次，以后每隔20min吸水一次，直至连续三次无泌水为止。每次吸水前5min，应将筒底一侧垫高约20mm，使筒倾斜，以便于吸水，吸水后，将筒轻轻放平盖好，将每次吸出的水都注入带塞的量筒，最后计算出总的泌水量，精确至1g。并按式（2.19）和式（2.20）计算泌水率。

$$B=\frac{V_w}{(W/G)/G_w}\times 100\% \quad (2.19)$$

$$G_w=G_1-G_0 \tag{2.20}$$

式中：B为泌水率；V_w为泌水总质量（g）；W为混凝土拌和物的用水量（g）；G为混凝土拌和物的总质量（g）；G_W为试样质量（g）；G_1为筒及试样质量（g）；G_0为筒质量（g）。

（5）混凝土凝结时间测定

凝结时间采用贯入阻力仪测定，仪器精度为5N。测定方法如下：将混凝土拌和物用5mm圆孔振动筛筛出砂浆，拌匀后装入上口内径为160mm，下口内径为150mm，净高为150mm的刚性不渗水的金属圆筒，试样表面低于筒口约10mm，用振动台振实（3～5s），置于（20±3）℃的环境中，容器加盖。一般基准混凝土在成型后3～4h，以后每隔0.5h或1h测定一次，在临近初、终凝时，缩短测定间隔时间。凝结时间差按式（2.21）计算。

$$\Delta T=T_t-T_0 \tag{2.21}$$

式中：ΔT为凝结时间之差（min）；T_t为掺外加剂混凝土的初凝或终凝时间（min）；T_0为基准混凝土的初凝或终凝时间（min）。

（6）拌和物容重试验

混凝土拌和物容重γ_h由式（2.22）计算，试验结果精确至10kg/m^3。

$$\gamma_h=\frac{W_1-W_0}{V}\times 1000 \tag{2.22}$$

式中：W_1为容量桶及试样总重（kg）；W_0为容量桶重（kg）；V为容量桶体积（L）。

第3章　天然高分子基减水剂的合成

3.1　概述

材料过程工程学是对过程工程学的发展，同时涵盖了过程工程学，后者集成的“三传一反”在材料过程工程学中依然适用。作为材料过程工程学研究的驻点要素，混凝土减水剂的制备不可脱离化学反应。本章主要研究丁基磺酸纤维素、磺化羟乙基纤维素和淀粉顺丁烯半酯的合成条件及影响因素。

纤维素衍生化反应一般是在多相介质中进行，为克服多相反应的非均匀性和提高纤维素的反应性能，在进行改性反应之前，通常用异丙醇、乙醇、二甲基亚砜等对纤维素有溶胀作用的化学试剂的水混合溶液做反应介质，再用碱或者酸溶胀纤维素，以减弱或破坏纤维素分子间氢键，改善反应均匀性。

通过对现有的众多种类的减水剂分子量及分子结构的分析，研究人员发现：不论是含单环、多环或杂环芳烃的混凝土高效减水剂，还是具有不同支链的聚羧酸系减水剂（Polycarboxylate，PC），均属于分子质量较低的聚合物电解质，其分子质量大多在1500～10000的范围内。陈建奎总结了不同分子量的表面活性剂与性能的关系：分子量低于1500的单体和低聚物，能明显降低表面张力，有引气作用和分散作用；分子量在10000～20000的水溶性树脂，也用作混凝土外加剂，它保水性能好，可能与在水泥粒子表面形成厚的溶剂化膜有关；分子质量超过20000，就是典型的聚合电解质，其分子链尺寸远超过分散粒子的大小，在一定浓度范围就会产生絮凝作用。见图3.1。

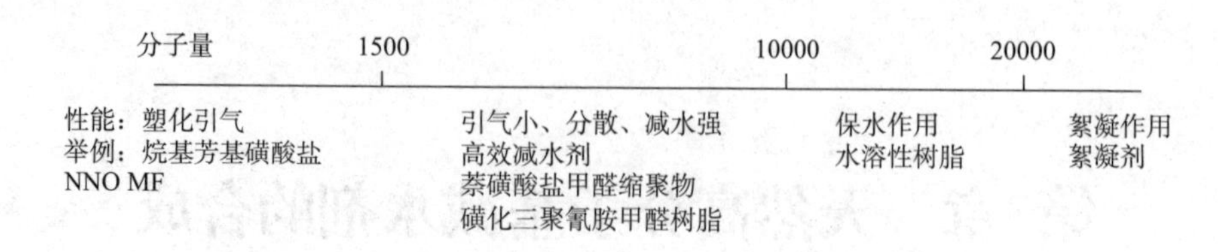

图3.1　表面活性剂分子量与性能关系

因此，根据目前减水剂在分子量方面表现出来的共性，可以设计基于纤维素的、分子量在适当范围的纤维素衍生物。纤维素原材料来源不同，其聚合度差别也较大，分子量高的纤维素，其水溶性衍生物水溶液黏度高，且分子链易发生缠结，流化效果较差而很难对水泥颗粒有减水分散作用，这点可以从纤维素基增黏剂的应用得到验证。但是纤维素的可降解特性，为纤维素衍生物的分子结构设计提供了便利，通过控制纤维素水解条件获得聚合度适合要求的纤维素，进而能制备合适黏度的水溶性纤维素衍生物。因此，从分子设计角度出发，本文先将纤维素经水解反应制备较低聚合度产物，然后引入强亲水性基团，以破坏纤维素结晶结构，削弱分子间氢键作用，制备具有减水分散性能的水溶性纤维素衍生物。以纤维素为原材料制备混凝土减水剂大体分为两个步骤：一是通过稀酸水解手段制备较低分子量的平衡聚合度（LODP）纤维素，二是通过纤维素醚化反应改性制备水溶性纤维素衍生物。

3.2　平衡聚合度纤维素制备

目前，由纤维素制备平衡聚合度纤维素技术已经比较成熟，关于无机酸种类、浓度等对纤维素聚合度的影响研究较多，因此本试验对酸水解条件不作深入研究，仅采用6%浓度的稀盐酸水溶液水解纤维素，制备LODP纤维素。

3.2.1　平衡聚合度纤维素制备机理

从图3.2可见，LODP纤维素的制备实质上就是酸降解纤维素，其作用机理

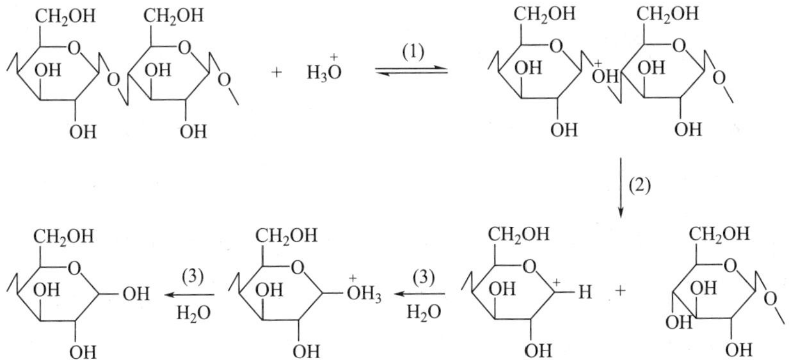

图3.2　LODP纤维素制备示意图

同样分为以下三个阶段：

（1）纤维素上糖苷氧原子迅速质子化。

（2）糖苷氧上的正电荷缓慢地转移到C_1上，接着形成一个碳阳离子并断开糖苷键。

（3）水迅速地攻击碳阳离子，得到游离的糖残基并重新形成水合氢离子。

这个过程继续进行下去会引起纤维素分子链的逐次断裂。在浓酸（如硫酸、磷酸）存在的条件下，纤维素发生均相水解；在较稀浓度酸的条件下，纤维素发生多相水解。纤维素多相水解首先在无定形区迅速进行，最后聚合度降到某一平衡聚合度（LODP）值，水解的速度与纤维素原料的超分子结构有关。

3.2.2　平衡聚合度纤维素制备

根据相关资料制备平衡聚合度纤维素，具体操作如下：称取一定量的棉纤维素，加入三口烧瓶中，在氮气保护下，加入浓度为6%稀盐酸和1%助剂，强力搅拌，100℃下反应30min，用0.5mol/L NaOH水溶液中和至中性，分离，经多次去离子水冲洗，直至冲洗液呈中性为止，在50℃下真空干燥，测试得到的纤维素的聚合度，储存以备改性研究。

3.2.3 纤维素聚合度测定

采用1mol/L铜氨溶液为溶剂，测定纤维素聚合度。测试原理及步骤如下：

取纤维素干燥试样置于称量瓶中，准确称取55mg（精确到0.0002g），投入60mL棕色广口瓶中，加入洁净、干燥的铜丝3g。用移液管加入50mL铜氨溶液，用橡皮塞盖紧，放在振荡器中振荡至纤维完全溶解为止（需4～6h）。

吸取12～15mL试样溶液放入干燥、洁净的乌氏黏度计（图2.3）中，在（20±0.05）℃的恒温水浴中平衡5min后。测定溶液流经a和b刻度所需时间，重复2～3次，取平均值记为t_1。用同样方法测定空白溶液流经a、b刻度所需的时间为t_0。可由式（3.1）计算得到相对黏度η_{sp}，再应用舒兹—布拉施克公式［式（3.2）］计算特性黏度[η]，最后根据聚合度与特性黏数的经验公式（3.3）可计算出纤维素聚合度，结果如表3.1所示。

$$\eta_{sp}=(t_1-t_0)/t_0 \tag{3.1}$$

$$[\eta]=\frac{\eta_{sp}}{0.1(1.0+0.29\eta_{sp})} \tag{3.2}$$

$$\overline{DP}=K[\eta]=200[\eta] \tag{3.3}$$

表3.1　纤维素聚合度

纤维素种类	聚合度
棉纤维	980
LODP纤维素	232

表3.1是采用黏度法测得的棉纤维素和经稀酸水解的LODP纤维素的聚合度，两者分别为980和232。前者约为后者的4.2倍，说明稀酸对纤维素的水解效果非常明显。

3.3　丁基磺酸纤维素减水剂的合成

水溶性丁基磺酸纤维素醚（Sulfobutylated Cellulose Ether，SBC）合成制备也可分两个阶段：纤维素的碱化（活化）和碱纤维素的醚化反应。文中主要探讨由LODP纤维素制备有减水分散作用的低分子量纤维素衍生物的合成工艺与产物性能，并确定最优反应条件。

3.3.1　碱纤维素的制备

影响纤维素碱化的因素主要有碱液浓度、碱化温度和碱化时间。

（1）碱浓度影响

浸渍法中随着碱液浓度增大纤维素的润胀增加。在碱浓度为15%时，润胀达到明显的极大值，高于此浓度后，膨化又下降，所以一般浸渍用碱液均采用此浓度。

（2）温度

温度是影响纤维素碱化的另一重要因素。总体来说，碱化温度越低，纤维素膨化度越大，但膨化度过大会影响碱纤维素的化学组成。一般将温度控制在20～30℃。

（3）接触时间

就膨化本身而言是瞬间完成的，但碱溶液在纤维中需要一定的扩散时间，随碱溶液的扩散，膨化逐步深入。在生产实践中，由于所用原料不同，其物理化学性质不同，往往需要控制不同的接触时间。

本论文中采用30%的氢氧化钠水溶液与异丙醇的混合液做碱化介质，碱化时间均为1h，碱化温度为室温（20±2）℃，而碱液加入量是变量，在研究氢氧化钠用量对产物性能的影响中进行详细探讨。这是因为，碱不仅对纤维素起到活化的作用，还参与了丁基磺酸内酯的反应。

3.3.2 水溶性LODP丁基磺酸纤维素醚的制备

首先将LODP纤维素加入三口烧瓶中以异丙醇悬浮，用一定量的30%氢氧化钠水溶液碱化1h，称取一定量的1,4-丁基磺酸内酯（BS），在N_2或无N_2保护下滴入三口烧瓶，同时开动搅拌，保持恒温水浴温度恒定。反应一定时间后，将产物冷却到室温，用85%乙醇水溶液沉淀产物，经过抽滤，得到粗产物，再经过甲醇水溶液冲洗几次，纯化产物。最终将产物于60℃下真空干燥，备用。

SBC的分子结构参数包括：取代度（Degree of substitution，*DS*）和分子量［聚合度，可以用特性黏度（intrinsic viscosity），[η]表征］。

为研究合成的SBC应用性能，先将SBC溶于水中，配制成5%的水溶液，然后按质量浓度比为0.35制备水泥净浆，SBC掺量为变量，但是在探讨不同结构参数的SBC减水剂作用效果时，掺量均为1%。测试水泥净浆流动度作为水泥减水剂的应用性能指标，评价减水分散能力。

（1）氢氧化钠用量对SBC性能的影响

氢氧化钠可活化纤维素，能改善纤维素的可及度（accessibility），使纤维素每个AGU上的羟基都更容易发生化学反应，同时，游离的NaOH还会与醚化剂发生副反应，在较高的温度下，还可能影响纤维素的聚合度，因此有必要确定反应中NaOH的最佳用量。首先，NaOH与纤维素生成碱纤维素［式（3.4）］，然后与1,4-丁基磺酸内酯发生醚化反应［式（3.5）］，得到丁基磺酸纤维素醚；同时，由于体系中存在游离氢氧化钠，发生副反应，得到如式（3.6）所示的小分子副产物，消耗掉较多的醚化剂，降低反应效率。

$$\text{Cell}-\text{OH}+\text{NaOH}\rightleftharpoons\text{Cell}-\text{ONa}+H_2O \tag{3.4}$$

$$\text{Cell}-\text{ONa}+\text{BS}\xrightarrow{\text{温度}}\text{Cell}-\text{O}-CH_2CH_2CH_2CH_2SO_3Na \tag{3.5}$$

$$\text{NaOH}+\text{BS}\xrightarrow{\text{温度}}\text{H}-\text{O}-(CH_2)_4SO_3Na \tag{3.6}$$

图3.3是氢氧化钠与纤维素摩尔比对SBC性能的影响，其他反应条件为：温度75℃，纤维素与醚化剂用量固定（AGU：BS=1：1.2），反应时间为4.5h。从图3.3可见，随着碱用量的增加，SBC的特性黏度与取代度先出现增加，而后出现降低的趋势，说明碱用量存在较优掺量。出现这种情况的原因在于，NaOH含量较大时，体系中存在过多的游离碱，发生副反应的概率增加，导致较多的醚化剂（BS）参与副反应，反而使产物取代度降低，同样，由于较多的副反应发生，使产物的分子量升高的可能性降低，特性黏度降低。而且在较高温度下，NaOH会使纤维素降解，聚合度下降，降解的同时还有醚化反应的发生，引入丁基磺酸基团，两种反应对产物分子量的影响是不同的，相互抵消，最终产物分子量增加与否取决于两种反应的速度快慢。

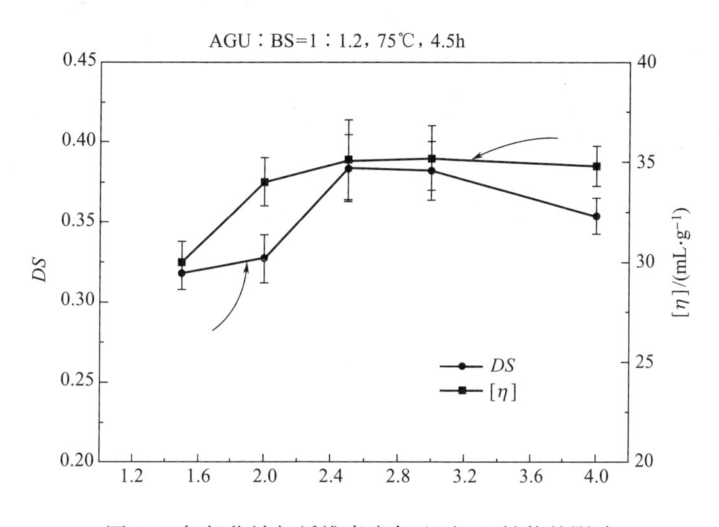

图3.3　氢氧化钠与纤维素摩尔比对SBC性能的影响

NaOH与AGU摩尔比对水泥净浆流动结果如表3.2所示。从表3.2可见，NaOH与AGU的配比影响水泥净浆流动度，当两者摩尔比在（2.5：1）~（3：1）范围时，净浆流动度相对较大；高于或低于此范围，水泥净浆流动度均较小，因此将NaOH与AGU摩尔比确定为2.5：1。在以下探讨影响产物性能的其他因素时，均采用已经确定的最佳条件。

表3.2　NaOH与AGU摩尔比对水泥净浆流动度的影响

NaOH：AGU	SBC特性		净浆流动度/mm
	$[\eta]$/（mL·g^{-1}）	*DS*	
1.5：1	30	0.32	140
2：1	34	0.33	135
2.5：1	35.1	0.38	160
3：1	35.2	0.38	162
4：1	34.8	0.35	155

（2）反应温度对SBC性能的影响

反应温度对产物SBC的特性黏度及取代度的影响如图3.4所示。其中各反应物摩尔比为NaOH：AGU：BS=2.5：1：2，反应时间为5h。从图3.4可见，随着反应温度的升高，SBC的丁基磺酸基团取代度*DS*逐渐升高，但是当温度超过75℃，*DS*出现下降的趋势。反应温度对特性黏度有同样的影响。说明适宜的反应温度有利于更多的*BS*与纤维素发生醚化反应。由于采用1,4-丁基磺酸内酯对纤维素进行醚化反应属于亲核取代反应，是不可逆的Williamson反应，属于吸热反应，提高反应温度有利于醚化剂与纤维素羟基的反应，但是随着温度的提

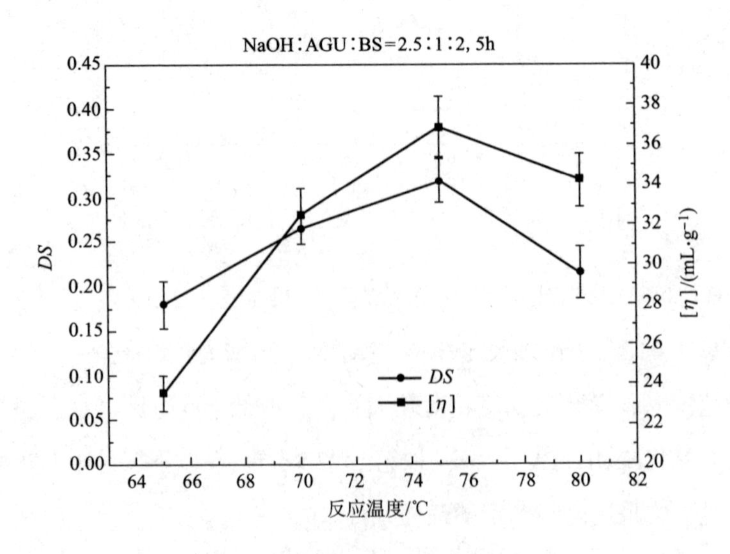

图3.4　反应温度对SBC性能的影响

高，NaOH与纤维素的作用逐渐变得强烈，使纤维素还原端发生降解脱落，发生“剥皮”反应，最终导致纤维素分子量下降，生成小分子糖类物质，生成的这类小分子与醚化剂反应相对容易，消耗掉较多的醚化剂。

本文研究了反应温度对水泥净浆流动度的影响，结果如表3.3所示。从表3.3可见，反应温度影响SBC的*DS*和特性黏数的同时，也影响到水泥净浆流动度。将得到的产物等量地掺入水泥净浆中，其流动度先是随反应温度的提高而明显提高，流动度从65℃时的80mm到75℃时的180mm，而反应温度提高到80℃时，净浆流动度反而出现下降的趋势。表明反应温度影响产物SBC结构，进而影响其减水分散能力。结合图3.4及表3.3，确定本试验的最佳反应温度为75℃。

表3.3　反应温度对水泥净浆流动度的影响

反应温度/℃	SBC		净浆流动度/mm
	$[\eta]$/（mL·g^{-1}）	*DS*	
65	28	0.08	80
70	31.8	0.28	140
75	34.2	0.38	180
80	29.6	0.32	160

（3）BS与AGU配比对SBC性能的影响

醚化剂1,4-丁基磺酸内酯（BS）的用量对SBC分子结构影响见图3.5。随着BS与AGU摩尔比的增加，取代度*DS*先是出现较明显的增加，但是当比值达到1.6：1以后，取代度变化不再明显。在BS与AGU摩尔比较低时，SBC特性黏度$[\eta]$随摩尔比的增加出现明显增加，当二者摩尔比达1.4：1后，特性黏度变化不大。这是由于当醚化剂量较少时，体系中醚化剂浓度较低，向溶胀的纤维素内部扩散受其浓度的影响较显著，随醚化剂浓度的增加，向纤维素内部扩散的能力提高，当浓度达到某种程度以后，扩散速度趋于稳定，浓度再增加不会提高其反应速度，最终使得产物的取代度不再发生明显变化。从图3.5中可见，BS与AGU的摩尔比在（1.6：1）~（1.8：1）之间较为合理，既能保证产物有较高的取代度，又充分利用醚化剂。

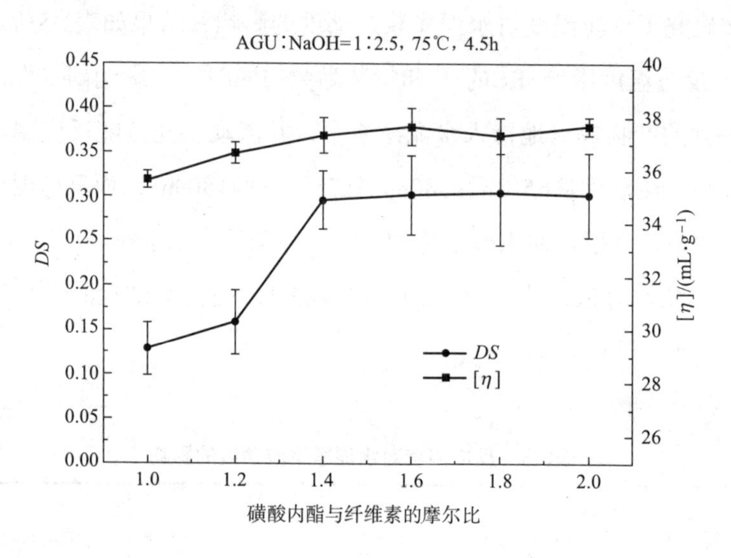

图3.5　BS/AGU摩尔比对SBC性能的影响

表3.4是BS与AGU摩尔比对水泥净浆流动度的影响。从表3.4可见，BS与AGU摩尔比也会影响水泥净浆流动度。随着BS：AGU的提高，水泥净浆流动度先是逐渐提高，当比值达1.6：1时，净浆流动度最高；比值继续增加，流动度变化不大。这种情况主要是由于反应物摩尔比会影响SBC的取代度及分子量（特性黏度），而取代度的提高有利于SBC对水泥颗粒分散作用的改善，体现在净浆流动度方面就是流动度的提高。因此，选择各反应物之间的摩尔比为NaOH：AGU：BS=2.5：1：1.7，反应温度确定为75℃。

表3.4　BS与AGU摩尔比对水泥净浆流动度的影响

磺酸内酯与纤维素摩尔比	SBC		净浆流动度/mm
	DS	[η]/（mL·g^{-1}）	
1	0.30	29.3	120
1.2	0.29	30.3	118

续表

磺酸内酯与纤维素摩尔比	SBC		净浆流动度/mm
	DS	[η]/（mL・g^{-1}）	
1.4	0.33	34.9	135
1.6	0.38	35.1	156
1.8	0.37	35.2	150
2.0	0.38	35.1	152

（4）反应时间对SBC性能的影响

从图3.6可见，随反应时间的延长，无论是*DS*还是特性黏数都出现明显增加，此时可认为，特性黏度的提高主要是由于纤维素分子链上引入更多的丁基磺酸基团从而导致产物分子量增加，从*DS*的提高也可验证这种假设。但当反应时间达到4.5h以后，尽管*DS*仍然有一定提高，特性黏度却出现降低趋势。这与纤维素醚化反应中存在的游离碱有关，在较高温度下，反应时间的延长导致纤维素碱水解程度提高，纤维素分子链变短，产物的分子量降低，体现在特性黏度上则是特性黏度的降低。而从图中可见，由于随着反应时间的延长，*DS*是逐渐增加的，说明反应时间延长有利于BS的充分反应。

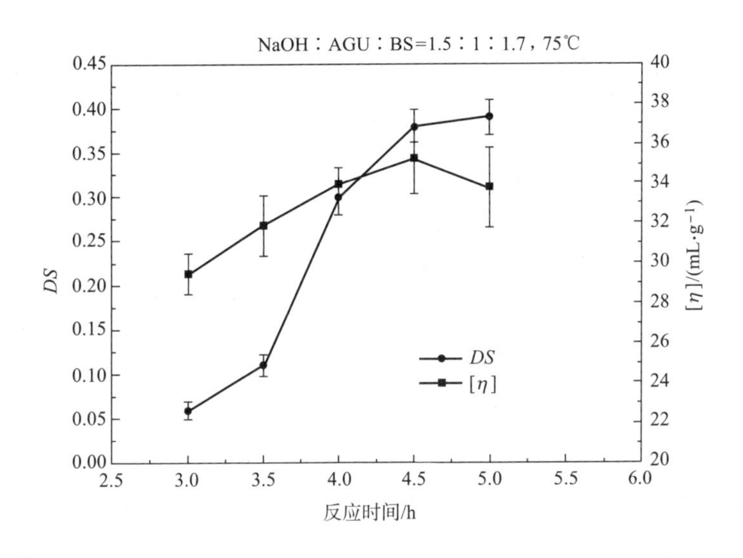

图3.6　反应时间对SBC性能的影响

表3.5是反应时间对水泥净浆流动度的影响。水泥净浆流动度随着反应时间的延长逐渐提高，反应时间为4.5h，净浆流动度达到182mm，反应5h时的净浆流动度为185mm，两者相差不大。因此反应时间确定为4.5h。

表3.5　反应时间对净浆流动度的影响

反应时间/h	SBC		净浆流动度/mm
	$[\eta]$/（$mL \cdot g^{-1}$）	*DS*	
3	29.5	0.06	78
3.5	31.9	0.11	90
4	34	0.3	165
4.5	35.3	0.38	182
5	33.8	0.39	185

（5）分次加碱对SBC性能的影响

为提高纤维素醚的取代度，较常见的方法是分批加碱，该方法在羧甲基纤维素（CMC）、羧甲基淀粉醚（CMS）等的制备中已被广泛探讨。研究人员认为，采用分次加碱的方法可以提高取代度，改善取代基的分布均匀性。本文为提高SBC的*DS*，同样采用分次加碱的方法，保持总碱量不变，首次碱化时只加入总碱量的60%，控制在20℃下碱化1h，然后进行醚化反应，反应2h后，停止反应，将反应系统冷却至20℃，将其余碱加入反应器内，于20℃下碱化30min，再将体系温度升至75℃，二次进行醚化反应，这种方法即为二次加碱法；同理可进行三次加碱法，三次加碱比例为5∶3∶2。表3.6列举了重复反应次数对SBC性能的影响。反应条件根据前述研究结果确定如下：NaOH∶AGU∶BS=2.5∶1∶1.7，温度为75℃，总醚化反应时间为4.5h。

表3.6　加碱次数对SBC性能的影响

加碱次数	1	2	3
硫含量/%	5.3	7.4	8.0

续表

加碱次数	1	2	3
DS	0.38	0.59	0.67
特性黏度/（$mL \cdot g^{-1}$）	35.3	32.5	30.7
净浆流动度/mm	182	250	270

从表3.6中可见，随着加碱次数的增加，产物硫含量提高明显，即取代度提高，其中一次加减法得到的产物硫含量达到5.3%，*DS*为0.36；二次加碱法得到的产物硫含量为7.4%，取代度为0.59；三次加碱法的产物硫元素含量达8.0%，取代度为0.67。而特性黏度分别为35.3、32.5和30.7mL/g，说明分次加碱降低了产物分子量。结果显示，分次加碱可以明显提高取代度，降低特性黏数，即降低产物分子量。

水泥净浆流动度也随加碱次数的增加明显提高。说明分次加碱的方法有利于产物取代度的提高，而磺酸基团的增加有利于SBC对水泥的减水分散性能的提高。因此，在制备具有应用价值的SBC采用上述最佳条件的同时，采用分次加碱的方法，以制备高取代度的产物。比较表3.2和表3.5，其中特性黏度在35mL/g左右，取代度在0.38左右的几种SBC的水泥净浆流动度存在差异，这与合成条件导致SBC分子上取代基分布有关，在最佳反应条件下制备的SBC分子链上取代基分布可能比较均匀，更有利于其在水泥颗粒表面的吸附，因此相同掺量下净浆流动度相应提高。

（6）其他影响因素分析

本试验探讨了是否采用N_2保护的措施对产物性能的影响，试验结果列于表3.7。从表中数据可见，采用氮气保护的条件下更有利于取代度的提高，且特性黏度相对较高，在试验的聚合度范围内，尽管分子量降低净浆流动度有提高的趋势，但是流动度的提高主要由取代度的大小所决定。因此N_2保护的应用与否对产物结构影响不明显。

表3.7 N_2保护对SBC性能的影响

NaOH：AGU：BS（摩尔比）	反应温度/℃	反应时间/h	N_2保护			无N_2保护		
			[η]/（$mL \cdot g^{-1}$）	硫含量/%	*DS*	[η]/（$mL \cdot g^{-1}$）	硫含量/%	*DS*
0.5：1：1	60	3	37.1	1.3	0.08	36.4	1.0	0.05
0.5：1：1	75	4	35.5	2.3	0.13	23.8	2.4	0.14
1：1：1	60	3	36.0	1.1	0.06	35.1	1.1	0.06
1：1：1	75	4.5	36.5	4.9	0.33	33.8	4.8	0.32
2.5：1：1.7	60	4	36.3	4.8	0.32	34.7	4.6	0.30
2.5：1：1.7	75	4.5	35.1	5.3	0.36	34.8	5.4	0.37
2.5：1：1.7	75	—	32.5	7.4	0.59	35	7.0	0.54
2.5：1：1.7	75	—	30.7	8.0	0.67	29.7	7.8	0.64

3.3.3 SBC的分子结构表征

（1）SBC的红外光谱分析

红外光谱是表征有机物分子结构的重要方法。谱图中吸收峰的位置、强弱等能反映整个分子的结构特征，是有机化学分析研究中最常用的方法之一。在红外光谱中，基团的存在与吸收峰是相对应的，易于辨认的有代表性的吸收峰可以确定某些基团的存在，此为特征吸收峰，简称特征峰，波数在1250～4000cm^{-1}范围称为特征官能团区；而将在400～1250cm^{-1}范围的较细密，易于重叠的特征性较差的区域称为指纹区，可以分辨各个特征基团的振动方式。

图3.7是原材料纤维素和不同取代度的产物SBC的红外光谱谱图。在图3.7谱图中的各个吸收峰位置及归属如下：在LODP纤维素的谱图中，波数3350cm^{-1}附近具有强的吸收峰，归属为纤维素中羟基的伸缩振动峰；在波数2900cm^{-1}附近的较强吸收峰为亚甲基（—CH_2—）的伸缩振动峰；1050cm^{-1}以及1170cm^{-1}，1120cm^{-1}，1010cm^{-1}构成的系列谱带则体现了羟基的伸缩振动吸收峰以及AGU醚键（C—O—C）的弯曲振动吸收峰；波数1650cm^{-1}附近反映了羟基与吸附自由水产生的氢键的吸收峰，该吸收峰的出现主要是由纤维素及其衍生物特有的

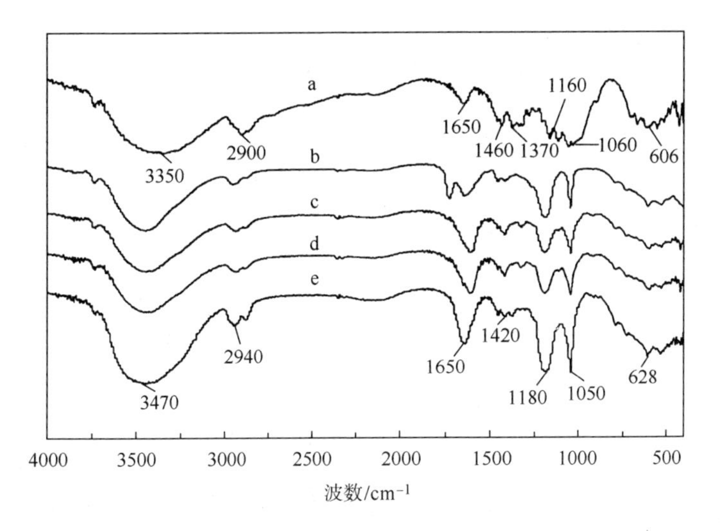

图3.7　LODP纤维素及产物SBC的FT—IR

a—LODP纤维素　b—SBC（*DS*=0.32）　c—SBC（*DS*=0.33）
d—SBC（*DS*=0.59）　e—SBC（*DS*=0.67）

分子结构决定的，不是由于制样方法所引起；440～1340cm^{-1}这一谱带则体现了纤维素结晶结构的存在。由于S—C、S—H的吸收峰很弱，不宜用于结构鉴定，而S═O则有很强的吸收，因此通过确定S═O峰存在与否来确定分子结构中是否存在磺酸基。对于SBC的FT—IR谱图，不论取代度大小，均反映出相同吸收谱带位置。谱带1340～1440cm^{-1}的强度大大减弱，表明SBC的结晶程度明显减弱；而在1650cm^{-1}附近的吸收峰强度大大增强，表明与水形成氢键的能力得到加强；1180～1190cm^{-1}出现强吸收峰，该峰在LODP纤维素谱图中没有体现，是S═O键的特征吸收峰，而600～628cm^{-1}对应的是S—O特征吸收峰。综上所述，可知经过纤维素醚化反应，纤维素分子链上已经引入磺酸基。

（2）SBC的核磁共振分析

材料的核磁共振（NMR）分析可以通过质子化学位移表达分子结构信息。图3.8是纤维素的固体核磁共振^{13}C谱图，图中在化学位移δ（63.07ppm）、δ（70.4ppm）、δ（73.0ppm）、δ（77.4ppm）、δ（87.28ppm）和δ（103.5ppm）处，出现的单元组分分别对应的是纤维素主链糖苷环上C-6、C-2、C-3、C-5、C-4和C-1的谱峰。

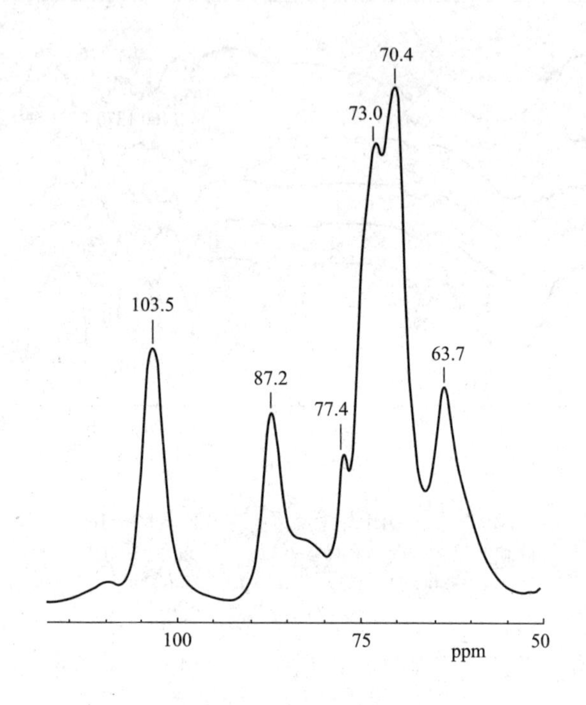

图3.8　纤维素固体核磁共振13C谱图

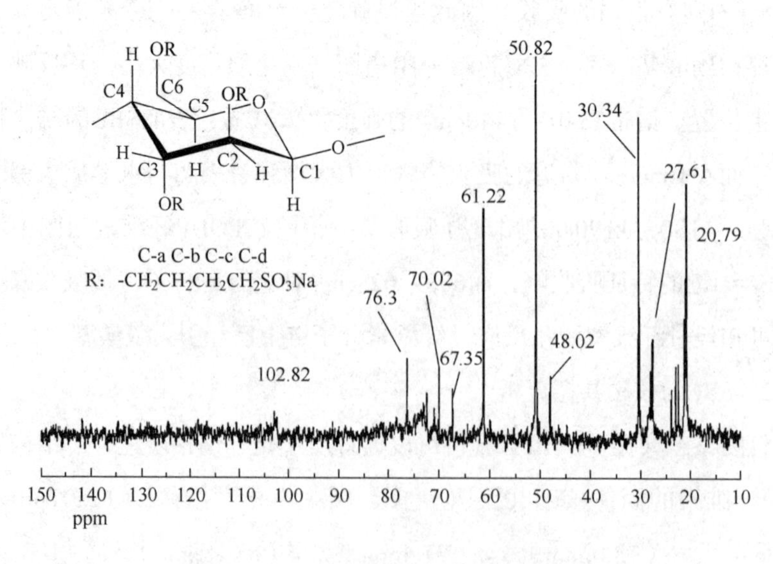

图3.9　SBC（*DS*=0.67）的13C-NMR谱图

由图3.9可见，化学位移δ（102.82ppm）对应C-1，化学位移δ（76.3ppm）~δ

（70.00ppm）分别对应于的C–2、C–3、C–5，由于C–4强度较弱，未能反映出来。化学位移δ（20ppm）~δ（30.34ppm）和δ（48.02ppm）对应于烷基醚的亚甲基C。可见核磁共振的研究结果与FT—IR表征结果一致，说明已经通过醚化反应将丁基磺酸基团引入纤维素分子链上。

（3）凝胶色谱（GPC）测试SBC分子量

由图3.10中可见，产物不是单一分子量，而是不同分子量的产物的混合物。这是由于在制备LODP时，不同纤维素分子链降解程度不同，同时在合成过程中由于温度较高，还会发生一定程度的“剥皮”反应，加剧了聚合度的不均匀性。经过计算，可得数均分子量M_n=6177，重均分子量M_w=9337，峰值分子量M_p=10882，Z+1分子量M_{z+1}=14630，Z均分子量M_z=12335；分散系数M_w/M_n=1.5116。

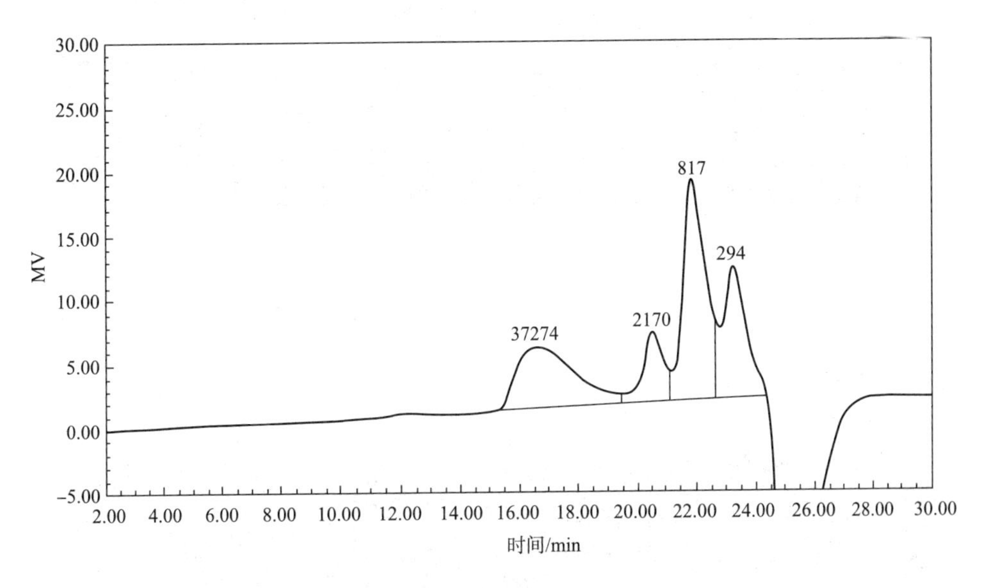

图3.10　自动检测SBC（DS=0.67）的GPC谱图

（4）SBC的表观形貌

从图3.11中可见，原材料棉纤维素保持良好的纤维形态。经过HCl水解，能破坏这种纤维结构，形成小的团粒，表面变得疏松，如图3.12所示。由纤维素到LODP纤维素这种结构上的改变有利于纤维素上的羟基充分地接触反应试

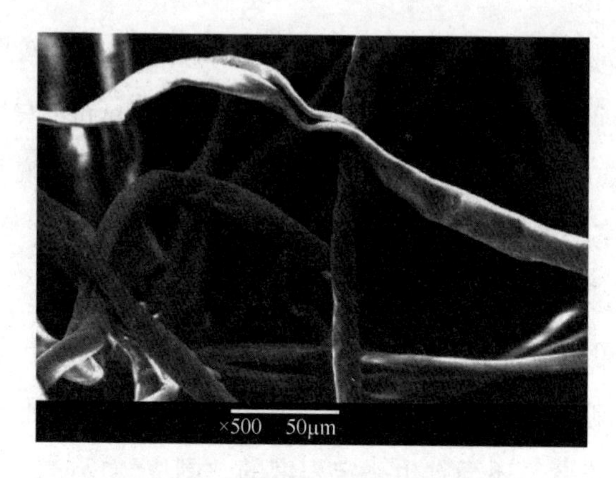

图3.11 棉纤维素的SEM图

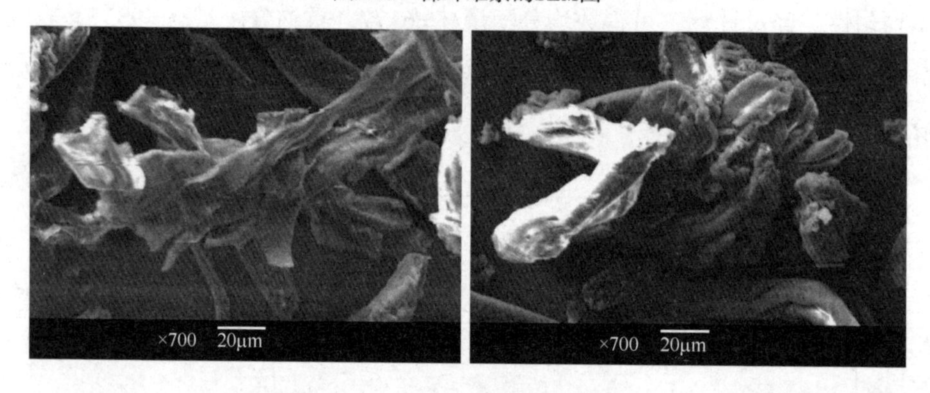

图3.12 LODP纤维素的SEM图

剂，也有利于发生各种化学反应。图3.13是产物SBC的SEM图，与LODP纤维素相比，外观形态变得更加密实，这与一部分纤维素表面的羟基被醚化转变成丁磺酸基有关，因此改变了其原有形貌。

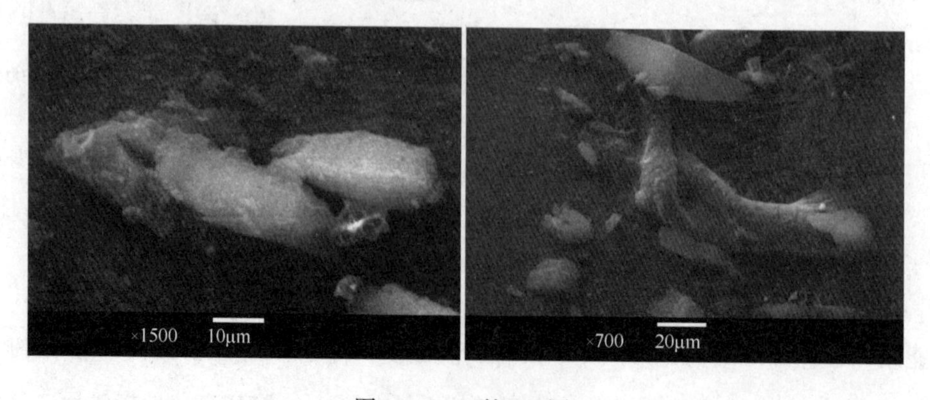

图3.13 SBC的SEM图

3.4　磺化羟乙基纤维素的制备

纤维素醚种类繁多，性能各异。其中羟乙基纤维素醚（HEC）具有良好的水溶性，在建筑材料中有广泛用途。HEC分子链形成新的长链乙氧基，有利于空间位阻作用的增强，但是其本身黏度较高，不具有减水分散作用，因此考虑将其与氯磺酸反应，引入强亲水性的磺酸基，得到磺酸化羟乙基纤维素（Sulfonated Hydroxylethylcellulose，SHEC），以期改善其表面活性，测试新产物对水泥的减水分散性能。羟乙基纤维素醚分子结构见图3.14。

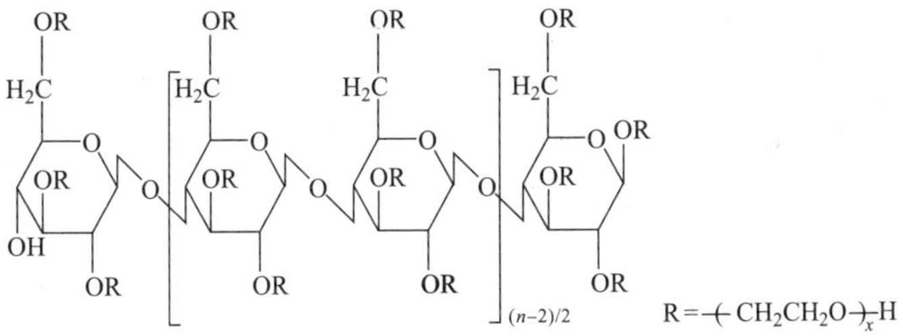

图3.14　羟乙基纤维素分子结构

3.4.1　反应条件的探讨

由于氯磺酸的反应活性高，进行磺化反应要求反应温度低，否则由于过度磺化会导致炭化情况的发生，炭化后得到的产物不具有应用价值，因此选择较低温度10℃、20℃、30℃，反应时间为1h、2h、3h，主要通过磺化试剂与HEC的比例调整控制产物的取代度，而且氯磺酸本身具有强氧化性，会引起HEC分子量降低，应该控制反应物配比，以保证既能发生磺化反应又要保证产物具有合适的分子量。将上述三个因素做正交试验，探讨合成的最佳条件，正交设计见表3.8。

表3.8 磺化羟乙基纤维素制备正交设计表

水平	因素		
	A （氯磺酸与HEC的摩尔比）	B 反应温度/℃	C 反应时间/h
1	0.2	10	1
2	0.6	20	2
3	1	30	3

正交试验结果及分析见表3.9 ~ 表3.11。

表3.9 试验结果

试验号	A	B	C	试验指标	
	1	2	3	硫含量/%	特性黏度/（mL·g^{-1}）
1	1（0.2）	1（10）	3（3）	1.05	10.5
2	2（0.6）	1	1（1）	2.43	8.3
3	3（1.0）	1	2（2）	4.58	5.8
4	1	2（20）	2	1.35	9.7
5	2	2	3	3.04	8.2
6	3	2	1	4.70	5.4
7	1	3（30）	1	1.21	11.3
8	2	3	2	2.83	7.9
9	3	3	3	3.98	4.9

表3.10 正交实验方差分析结果

试验指标		1	2	3
T_{j1}	硫含量/%	3.61	8.06	8.34
	特性黏度/（mL·g^{-1}）	31.5	24.6	25
T_{j2}	硫含量/%	8.3	9.09	8.76
	特性黏度/（mL·g^{-1}）	25.4	24.3	23.4
T_{j3}	硫含量/%	13.26	8.02	8.07
	特性黏度/（mL·g^{-1}）	19.1	24.1	24.6

续表

试验指标		1	2	3
T_{j1aver}	硫含量/%	1.20	2.69	2.78
	特性黏度/（mL·g^{-1}）	10.5	8.2	8.33
T_{j2aver}	硫含量/%	2.77	3.03	2.92
	特性黏度/（mL·g^{-1}）	8.47	8.1	7.8
T_{j3aver}	硫含量/%	4.4200	2.67	2.69
	特性黏度/（mL·g^{-1}）	6.37	8.03	8.2
R_j	硫含量/%	7.33	0.01	0.23
	特性黏度/（mL·g^{-1}）	4.13	0.17	0.53

表3.11 方差分析表

方差来源	平方和	自由度	均方	F	P
因素A	SS_A=15.5248	2	7.7624	74.5667	F（2,2,0.75）=3 F（2,2,0.90）=9 F（2,2,0.975）=39
因素B	SS_B=0.2457	2	0.1229	1.1806	
因素C	SS_C=0.0807	2	0.0404	0.3881	
误差	SS_e=0.2081	2	0.1041		
总和	SS_T=16.0593	8			

据表3.9～表3.11分析可知，在实验设计范围内，正交试验中显著影响产物性能的参数是氯磺酸与HEC的摩尔比，而反应时间和反应温度影响不显著，因此固定反应时间为1h，反应温度为10℃，改变氯磺酸与HEC的摩尔比研究产物SHEC的性能。根据正交试验的结果，设计了SHEC的制备条件，设计条件及结果如表3.12所示。从表3.12中结果可知，氯磺酸与HEC摩尔比的增加，能提高硫酸酯基团取代度，同时从测定的特性黏度可以发现，由于氯磺酸强氧化作用导致产物的分子量明显降低。净浆流动度在氯磺酸与HEC摩尔比为0.8时最高，达到250mm，当两者摩尔比为1时，流动度变化不大。因此将摩尔比设定为1.0，反应时间为1h，反应温度为10℃作为制备磺化羟乙基纤维素的最佳条件。将得到的产物SHEC，经NaOH水溶液低温下中和至中性，可得到羟乙基纤维素

磺酸钠水溶液，经干燥处理得到粉状产物，以备检测各种性能。

表3.12　氯磺酸与HEC配比对SHEC性能的影响

序号	配比（CSA：HEC）	硫含量/%	取代度	特性黏度/（mL·g^{-1}）	净浆流动度/mm
$SHEC_1$	0.4	2.18	0.23	8.8	160
$SHEC_2$	0.6	2.43	0.26	8.3	205
$SHEC_3$	0.8	4.22	0.49	6.5	250
$SHEC_4$	1.0	4.76	0.56	5.9	248

3.4.2　SHEC分子结构表征

（1）SHEC的FTIR

图3.15是硫含量为4.76%、特性黏度5.9mL/g的$SHEC_4$和HEC的FTIR谱图。在SHEC分子中，同样由于S—C、S—H的吸收峰很弱，不宜用于结构鉴定，而S═O则有很强的吸收，因此通过确定S═O峰存在与否来确定分子结构中是否存在磺酸基。$SHEC_4$在615cm^{-1}出现新的特征峰，归属于S—O吸收振动峰，在1124cm^{-1}出现新的吸收峰，归属于S═O，说明HEC分子链上引入了—O—SO_3^{2-}基团。

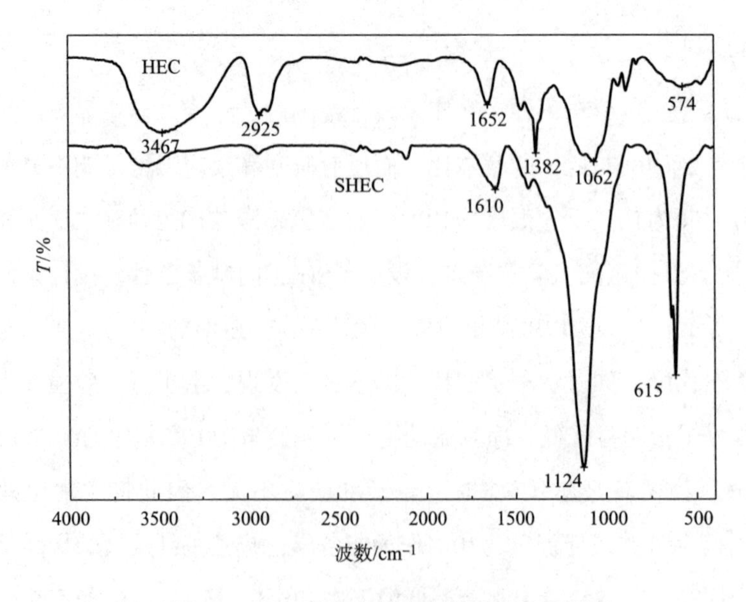

图3.15　羟乙基纤维素磺化前后的FTIR谱图

（2）SHEC的NMR分析

图3.16是HEC的^{1}H—NMR谱图，图3.17是SHEC的^{1}H—NMR。比较两个谱图化学位移发现，SHEC在δ（5.62ppm）和δ（5.38ppm）处是引入的丁基磺酸基团中亚甲基质子的化学位移，说明HEC分子上引入新的基团。

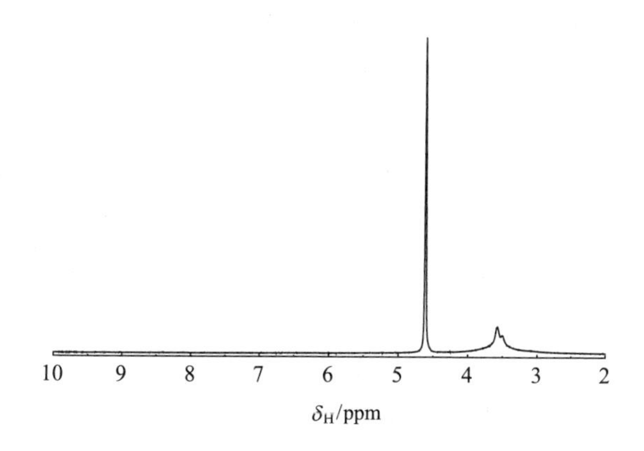

图3.16　HEC的核磁共振氢谱

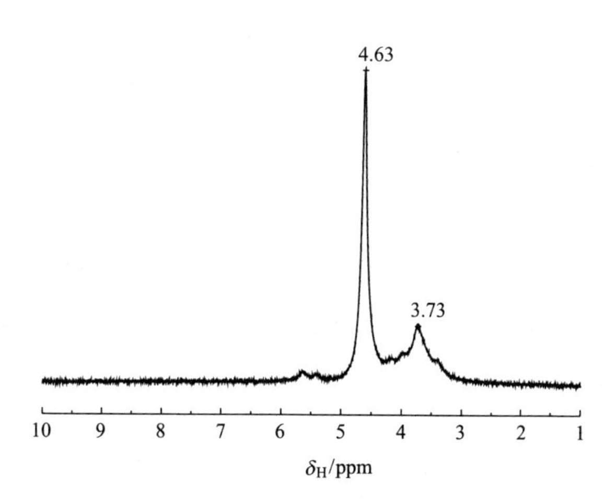

图3.17　SHEC的核磁共振氢谱

（3）SHEC的GPC分子量测定

图3.18是SHEC的GPC谱图。经测试得到的SHEC数均分子量是1978g/mol，重均分子量是2177g/mol，Z+1均分子量是2472g/mol，Z均分子量是2338g/mol。

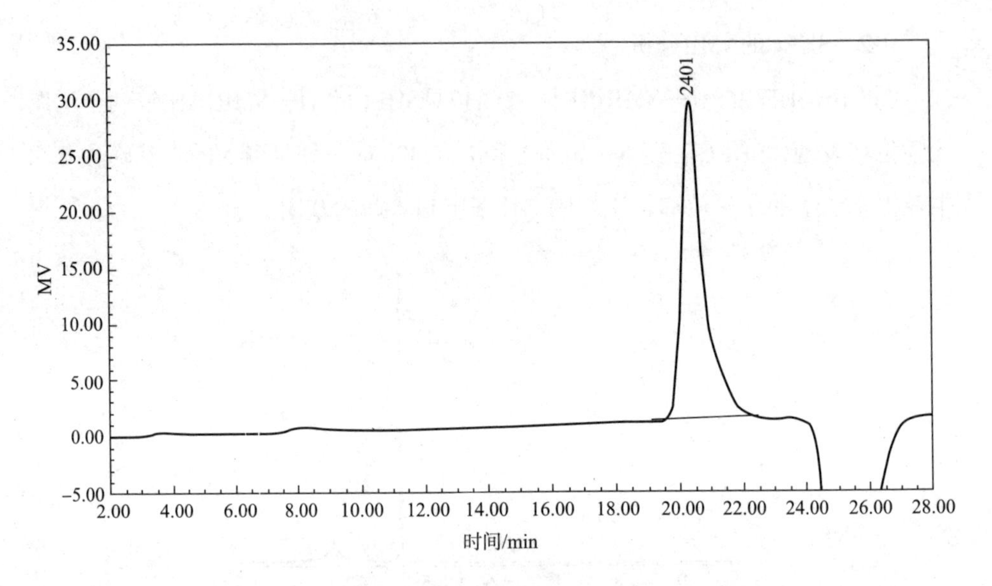

图3.18 GPC测定SHEC的分子量

3.5 淀粉基减水剂合成研究

如前文所述，目前有学者研究淀粉基减水剂的合成与性能，如程发等采用氯磺酸磺化的方法制备淀粉硫酸酯混凝土减水剂，Zhang等研究了羧甲基淀粉、淀粉丁二酸单酯对水泥的减水分散作用。而有关淀粉顺丁烯二酸半酯（SMHE）在水泥混凝土中的应用未有报道，因此本文研究了SMHE的合成以及在水泥基复合物中应用特性。

3.5.1 淀粉顺丁烯二酸半酯（SMHE）的合成

采用刑国秀提出的微波法合成淀粉马来酸半酯的方法制备SMHE，为提高取代度，将其方法进行一定的改进。刑国秀在研究中发现，随着马来酸酐与淀粉摩尔比的增加，尽管反应效率降低，但是产物取代度会随两者摩尔比的增加而增加。因此本试验采用较高的马来酸酐与淀粉的摩尔比，以期得到高取代度的SMHE。将10g淀粉与一定量的马来酸酐在研钵中充分研磨，混合均匀，加入适量的去离子水，调整含水量在12%左右，将混合均匀的反应物转移至坩埚中，移入微波炉中进行反应，反应到预定时间，取出坩埚，将产品移入研钵研磨，然后以滤纸包好放入索氏抽提器中，以丙酮抽提未反应的马来酸酐，纯化产物，将产物放入真空干燥箱中于65℃干燥至恒重，即得淀粉马来酸半酯（SMHE）。得到的产物SMHE不溶于水，经过稀碱中和得到淀粉顺丁烯二酸半酯钠盐，则具有了水溶性。淀粉与马来酸酐反应示意图如图3.19所示。

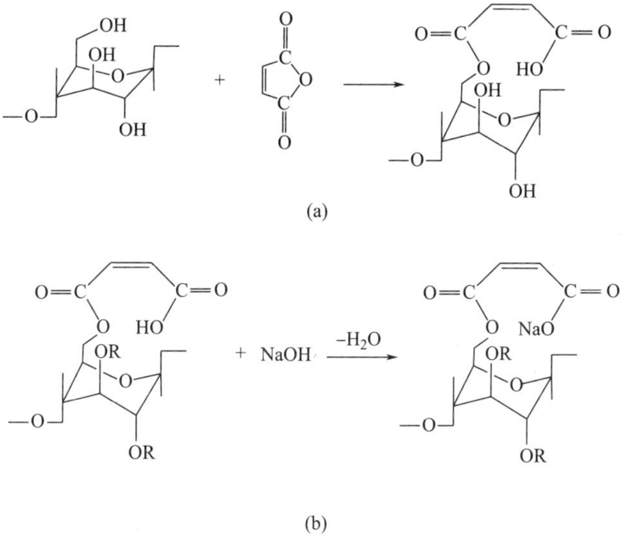

(a)

(b)

图3.19　淀粉与顺丁烯二酸半酯的反应示意图

在实验中发现，当微波炉功率高于额定功率的20%时，即使反应时间非常短，产物也会严重糊化（产物颜色变深，时间越长或者功率越高，颜色越深，甚至会出现碳化现象），因此将功率设定在微波炉额定功率的20%，反应时间设定为5min，改变马来酸酐与淀粉的摩尔比，对产物的性能进行研究，结果见表3.13。从表3.13可见，随着马来酸酐与AGU摩尔比的增加，产物取代度明显增加，而掺入水泥净浆中，其流动度随取代的增加而明显提高。因此将反应的最佳条件确定为：反应物摩尔比马来酸酐：AGU=1.0：1.0，反应时间5min，微波炉功率设定为额定功率的20%。

表3.13 SMHE合成条件及性能

马来酸酐：AGU（摩尔比）	反应时间/min	微波炉功率比/%	取代度	净浆流动度/mm
0.1	5	20	0.08	80
0.25			0.15	119
0.5			0.26	182
0.75			0.41	235
1.0			0.49	251

3.5.2 SMHE结构表征

（1）SMHE的FTIR表征

淀粉（a）和淀粉顺丁烯二酸半酯（b）的红外光谱如图3.20所示，由两个谱图对比可知，SMHE的红外光谱图在约1730cm^{-1}处多出一个特征吸收峰，属于羰基的C═O伸缩振动峰，并且在1640cm^{-1}处出现了C═C的伸缩振动峰，从而证明了淀粉顺丁烯二酸单酯的结构。

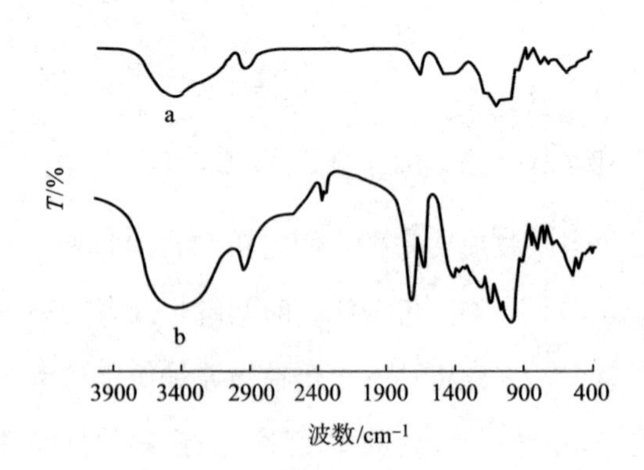

图3.20 淀粉和SMHE红外光谱
a—淀粉 b—SMHE

（2）GPC测定SMHE分子量

图3.21 是SMHE的GPC谱图，经GPC测试可知，产物SMHE的分子量不是均一的，而是由几种分子量组成的：M_n为1.5×10^{5}g/mol，占2.43%，M_n为

1.0×10^4g/mol，占21.25%，1746cm^{-1}的占绝大多数。经计算数均分子量为7286g/mol。出现这种情况，一方面是淀粉糊精有支链和直链之分，原本分子量差异就较大，另一方面淀粉糊精制备过程中的不均匀水解，加剧了糊精分子量的不均匀程度，合成SMHE后，而具有水溶性，以NaOH水溶液进行中和，还会发生部分水解，从而进一步加剧了产物分子量的不均匀性。

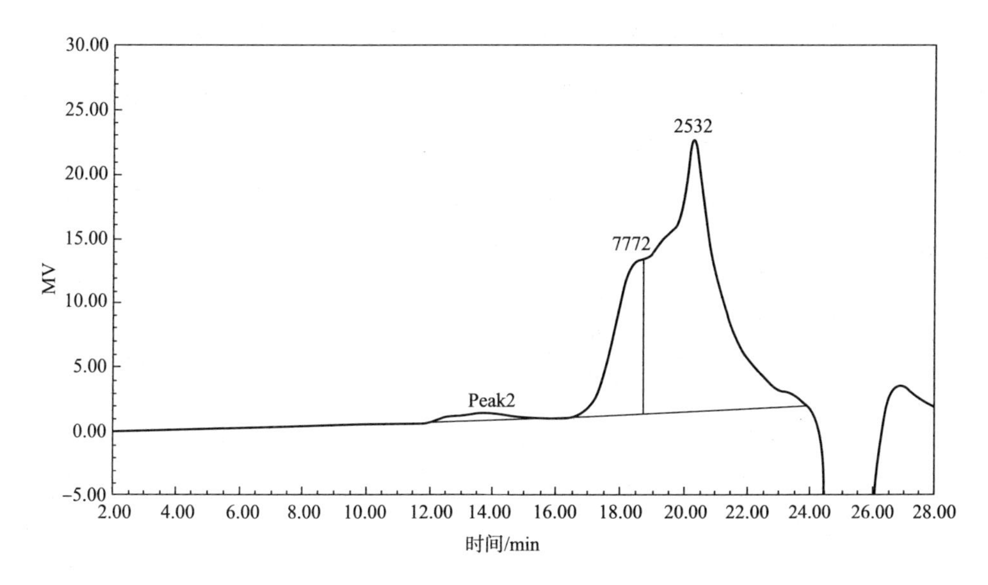

图3.21　SMHE的GPC谱图

3.6　本章小结

（1）首先采用稀酸水解的方法降解棉纤维素，制备了平衡聚合度（LODP）纤维素，纤维素聚合度由原来的980降低到232，将其于20℃下碱化1h，以制备低聚合度水溶性纤维素醚。

（2）通过研究制备丁基磺酸纤维素醚的影响因素，得出的最佳合成条件如下：氢氧化钠与脱水葡萄糖单元及醚化试剂（1,4−丁基磺酸内酯）摩尔比为2.5∶1∶1.7，即NaOH∶AGU∶BS=2.5∶1∶1.7，最佳反应温度为75℃，醚化反应时间为4.5h。此条件下得到的SBC特性黏度为35.3mL/g，丁基磺酸基团取代度达到0.38，1%掺量下水泥净浆流动度达到182mm。

（3）研究分次加碱工艺对SBC性能的影响结果表明：分次加碱有利于提高取代度（由0.38提高到0.67）、降低分子量，改善SBC对水泥颗粒的分散性能，水泥净浆流动度提高明显（1%掺入量由182mm提高到270mm以上），因此在合成过程中采用分次加碱的方法。

（4）研究氮气保护与否对产物性能的影响发现，N_2保护能使产物在反应过程中分子量保持相对稳定，无氮气保护条件下分子量则相对较低，较低的分子量有利于水泥净浆流动度的提高。

（5）SBC红外光谱在1180～1190cm^{-1}出现强吸收峰，对应于分子链上S═O键的特征吸收峰，在600～628cm^{-1}对应的是S—O特征吸收峰；核磁共振碳谱分析发现，除了反映纤维素本身化学位移以外，新出现了化学位移δ（20～48ppm），对应的是烷基醚的亚甲基C的化学位移，表明产物确实有磺酸基团引入纤维素分子链上。

（6）采用GPC表征了具有代表性的SBC分子量，其数均分子量为M_n=6177，重均分子量M_w=9337，峰值分子量M_p=10882，Z+1分子量M_{z+1}=14630，Z均分子量M_z=12335；分散系数M_w/M_n=1.5116。

（7）通过研究棉纤维素、LODP纤维素及改性纤维素醚SBC的SEM发现，经HCl水解原纤维素，能明显改变纤维素纤维结构，原纤维结构破坏，得到细小的团状纤维素颗粒，进一步与BS反应得到的SBC已经没有纤维结构存在，完全转化成非晶态结构，有利于在水中溶解。

（8）研究硫酸酯化羟乙基纤维素制备条件的结构表明，氯磺酸（CSA）与HEC的摩尔比显著影响产物性能，而反应时间和反应温度影响不显著，因此确定反应时间为1h，反应温度为10℃，产物取代度随CSA/HEC增加而提高，特性黏度随CSA/HEC增加而降低；相同掺量下，水泥净浆流动度随产物取代度增加而提高；确定反应条件为：CSA/HEC=0.8，反应时间为1h，反应温度为10℃。产物分子量为1978g/mol，取代度0.49。

（9）采用微波辐照的方法制备淀粉顺丁烯二酸半酯（SMHE），结合试验现象和对净浆流动度影响，确定了制备SMHE的最佳条件：微波辐照功率设定在微波炉额定功率的20%，反应时间设定为5min，马来酸酐与淀粉的摩尔比为1.0。产物分子量为7286g/mol，取代度为0.49。

第4章　天然高分子基减水剂在水泥净浆中的应用

为研究合成的减水剂对水泥颗粒分散性能的影响，选择不同分子量和取代度的SBC，测试其在水泥净浆中的应用性能。表4.1是几种结构参数的SBC，其中SBC_1是采用未水解棉纤维素直接制备而成，由于其分子量较高，相同浓度的水溶液表观黏度比其他SBC的高，掺加到水泥净浆中未体现出明显的提高流动度效果，因此不探讨其减水性能。SHEC和SMHE分别选用取代度为0.56（硫含量为4.76%），分子量为1978g/mol和取代度为0.49，分子量为7285 g/mol的进行研究。

表4.1　SBC的取代度及分子量

试样	硫含量/%	*DS*	特性黏度/（$mL \cdot g^{-1}$）	分子量[a]
SBC_1	2.4	0.14	120	80617
SBC_5	2.5	0.15	34.2	27384
SBC_6	5.3	0.38	35.3	28694
SBC_7*	7.4	0.59	32.5	26896
SBC_8*	8.0	0.67	30.7	25640 10882[b]

注　α—乌氏黏度计法测定，其中$[\eta]=\lim\eta_{red}=KM^{\alpha}$，$\alpha$=1.19，$K=1.74\times10^{-4}$；b—GPC测试得到。

同一种减水剂对不同的水泥或不同种类减水剂对同一种水泥都可能表现出

不同的减水分散性能，这种现象被称为减水剂与水泥的相容性（适应性）。影响减水剂与水泥适应性的因素很多，如水泥的品种、矿物组成、细度、含碱量、石膏、掺合料种类等；减水剂的性质如，化学成分、分子结构、极性基团种类、非极性基团种类、磺化度、聚合度、平均分子量、分子量分布、聚合性质（直链、支链与环状）等以及环境条件等因素。

4.1 SBC对水泥的减水分散作用

图4.1是两种结构参数的SBC_7、SBC_5和SMHE、SHEC及SNF不同掺量下对P.Ⅱ52.5R硅酸盐水泥净浆流动度的影响，*w/c*均为0.35。从图4.1可见，随着SBC_7掺量的增加，净浆流动度逐渐增加，掺量在1%时，其流动度完全达到掺加SNF的效果。对SNF减水剂，其掺量达到0.7%～0.8%以后，净浆流动度基本上不再随掺量增加而继续增加，此时的掺量可认为是减水剂SNF的饱和掺量。当掺量继续增加时，即使流动度出现继续增加，也可据净浆泌水环判断出这种流动度的增加主要是由于泌水导致的。SBC_7的掺量超过1%后，随其掺量的继续增加，水泥净浆流动度最大可达270mm，然后流动度基本上不再变化。在观察掺加SBC_7的测试流动度的净浆时发现，掺量超过1%时，未出现明显的泌水现象。因此，结合实验现象以及图4.1不难发现，SBC对P.Ⅱ52.5R水泥具有优良减水分散性的同时，还具有良好的保水性，综合效果优于SNF。经分析图中曲线可以看出，SMHE也能对水泥提供良好的减水分散性能，随其掺量的提高，水泥净浆流动度明显提高，在掺量小于0.8%以下，流动度随掺量增加而提高得比较明显，掺量大于0.8%后，流动度随掺量的增加变化不再明显。图4.1显示，SHEC也有相同的趋势。虽然SBC_7、SMHE和SHEC三种减水剂在高掺量时效果相当，但是在试验过程中发现SMHE掺量超过0.5%、SHEC掺量超过0.7%，都会出现明显的泌水现象。

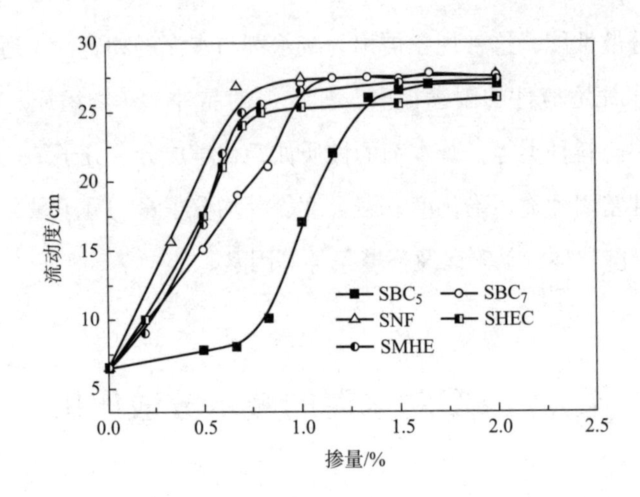

图4.1 减水剂加入量对水泥（P.Ⅱ52.5R）净浆流动度的影响

图4.2是减水剂掺量对P.032.5R水泥净浆流动度的影响曲线，*w/c*为0.35。采用萘系高效减水剂（SNF）做净浆对比测试。由图4.2可见，在掺量小于1%时，随着SBC_8掺量增加，水泥净浆流动度逐渐提高，且达到与SNF相近的效果；掺量超过1%以后，净浆流动度增长逐渐趋缓，曲线进入平台区。掺加SBC_6、SBC_7的净浆流动度变化情况与掺加SBC_8的趋势大致相同，随掺量增加净浆流动度也相应提高。但是其最大流动度低于掺加SBC_8的情况。

通过图4.1和图4.2中SBC在两种水泥中应用，发现除了SBC_5，其他几种SBC均表现出良好的减水分散作用，未表现出与水泥不相容现象，说明SBC与水泥

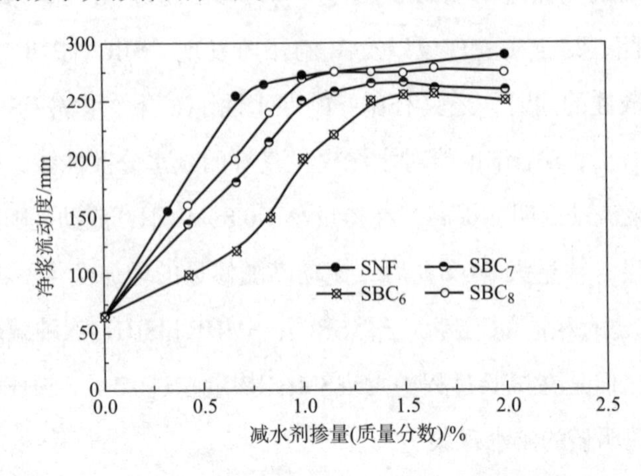

图4.2 减水剂掺量对水泥（P.032.5R）净浆流动度的影响

相容性良好，且具有良好的保水性。

为保证商品混凝土施工的顺利进行，不仅要求混凝土具有良好的流动性，同时要求坍落度经时损失小，即在较长时间内混凝土工作性保持良好。但是目前广泛使用的萘系高效减水剂有一个显著的缺点，就是坍落度经时损失较大。通过实验分别测定掺加SNF、SBC、SMHE和SHEC几种减水剂的水泥净浆流动度随时间变化情况，其结果见图4.3、图4.4。

图4.3是水化时间与掺加减水剂的P.Ⅱ52.5R水泥净浆流动度关系曲线。由于在试验过程中发现，SMHE和SHEC在掺量较高时会出现较多泌水，因此选择掺量为出现泌水时的掺量来研究流动度保持性，其中SMHE掺量确定为0.5%，SHEC掺量为0.7%。SNF和SBC_7掺量均为1%。掺加SBC_7的水泥净浆流动度随时间呈现规律性变化，先是随时间延长出现一定的增加，从初始的265mm增加到60min时的271mm，然后随时间延长流动度降低，但是在120min内流动度损失很小，仅为3.7%，明显优于萘系复合高效减水剂SNF，后者在120min中内损失接近15%。有研究表明，掺加单纯萘系减水剂的水泥净浆流动度经时损失较快，其原因是萘系减水剂主要依靠平面排斥力，较多地吸附于水泥粒子表面，随着水化的进行，浆体中残留的减水剂分子较少，使水泥颗粒表面吸附的减水剂分子逐渐减少，水泥颗粒间排斥力下降，导致水泥颗粒产生物理凝聚，结果

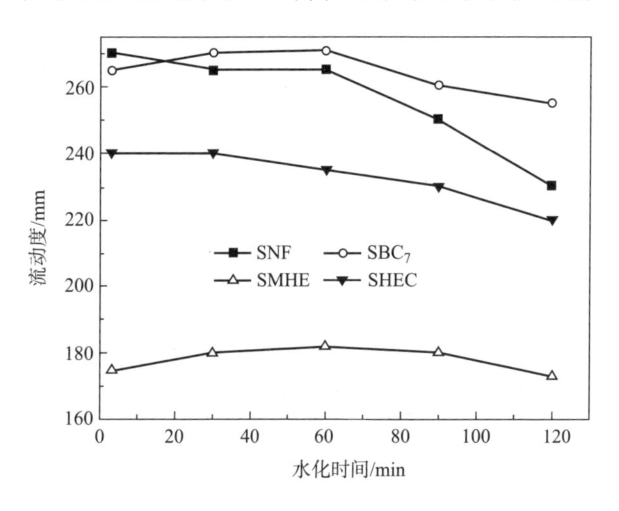

图4.3　P.Ⅱ52.5水泥净浆流动度经时损失

表现为流动度损失较大。可见在流动性保持方面，SBC优于萘系减水剂SNF。SMHE在0.5%掺量下，净浆初始流动度为175mm，随水化时间延长，先是流动度提高，然后流动度下降，120min内流动度基本没有损失。从图4.3中可见，SHEC也表现出良好的流动度保持性，120min内损失率不到4%。

图4.4是掺加减水剂P.032.5R的水泥净浆流动度与时间的关系曲线。从图4.4中可见，掺加SNF的净浆流动度从初始的273mm降低至120min时的180mm，损失将近34%。而掺加SBC的水泥净浆流动度在120min内损失远远小于掺加SNF减水剂的经时损失，特别是SBC_6，尽管其初始流动度较低，仅为200mm左右，但流动度损失很小，仅为18%，是掺加SNF的损失的一半左右；SBC_8的初始流动度与掺加SNF的相当，均为270mm，但其随经时损失小于SNF，约26%；SBC_7的经时损失率同样小于SNF，为20%。掺加几种减水剂的净浆流动度经时损失由大到小的顺序如下：SNF＞SBC_8＞SBC_7＞SBC_6。说明减水剂SBC的流动度保持性能非常理想，优于SNF减水剂。

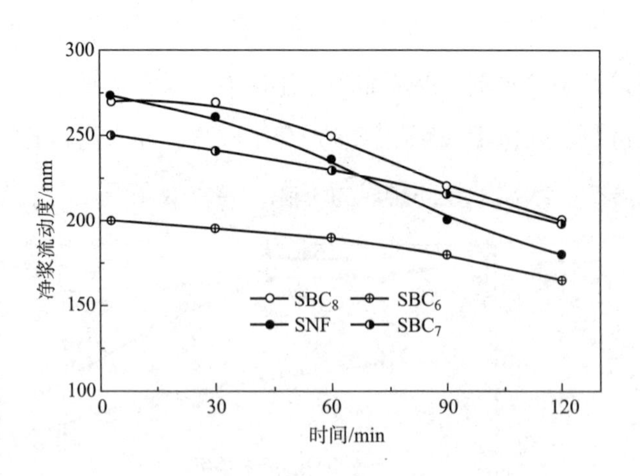

图4.4　P.032.5R水泥净浆流动度随时间变化曲线

4.2　SBC分子结构对水泥净浆流动度的影响

前文探讨了几种SBC对水泥净浆流动度、流动度保持性等的影响，发现不同取代度和不同分子量的SBC对水泥净浆流动度影响差别非常显著。图4.5是SBC分子结构对水泥净浆流动度的影响，其中SBC的掺量均为水泥质量的1%。

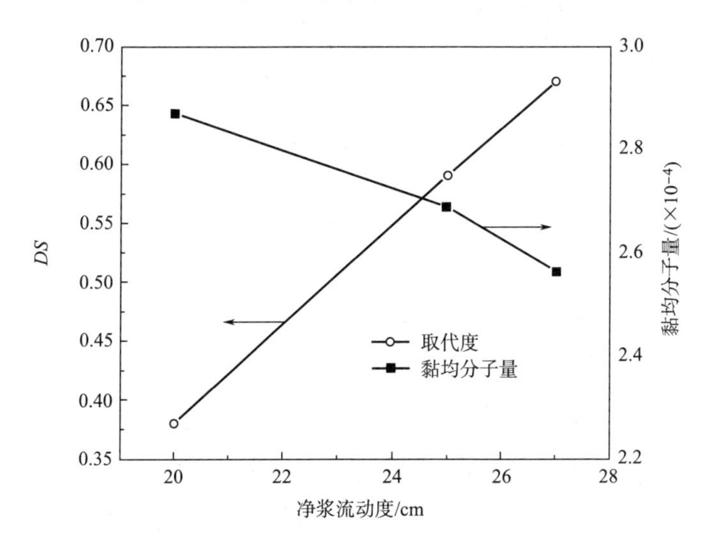

图4.5　SBC分子结构对净浆流动度的影响

图4.5表明，随着SBC黏均分子量的降低，水泥净浆流动度的提高，取代度的提高有利于净浆流动度的增加。在本试验范围内，除采用棉纤维素直接改性得到的SBC_1（取代度为0.14，黏均分子量约80000g/mol）基本不具有减水分散性能以外，其他SBC黏均分子量在20000～30000，均符合上述规律。SBC_8分子量较低而取代度最高，在较低掺量时，对水泥粒子即有较强的分散能力；水泥净浆凝结时间延长也相对较短。SBC_6分子量较高且取代度较低，掺量较低时净浆流动度较小，掺量增加到1.5%左右时，也不能达到SBC_8的水平，但凝结时间延长较多，表现出缓凝特性。可见，SBC分子量和取代度均对其减水分散能力影响很大，首先要将纤维素聚合度限制在一定范围，再将强极性基团引入纤维素分子链，得到的水溶性纤维素衍生物才能实现其减水分散作用；而且在一定分子量范围内，水溶性纤维素衍生物的减水分散作用与其取代度大小有关，取代度越大，减水分散作用越明显。

4.3 SBC对水泥粒子表面ζ电位的影响

在水泥—水分散体系中，由于水泥的水化作用，水化反应一开始就形成双电层和电动势（ζ电位），因此ζ电位综合代表了水泥—水分散体系的电动性能。减水剂掺入水泥分散体系中可以改变其ζ电位，进而改变水泥体系的分散性、流变性及水泥的凝结硬化过程。

水泥颗粒在拌和时被水润湿后，发生水解、吸附、离解等化学作用，水泥颗粒表面产生电荷，电场作用下这些电荷相对移动产生电动电位。水泥的水化首先是C_3A与水的水化反应，因此初期ζ电位是正值。随硅酸盐进一步水化，大量的C_3S参与水化，ζ电位逐渐由正变负。当水泥分散体系中掺加减水剂时，水泥颗粒表面形成一层似胶化的吸附膜，它们在溶液中电离后被吸附在水泥颗粒表面使水泥颗粒带上负电荷。吸附的结果是使水泥粒子表面双电层发生变化，ζ电位绝对值显著增加，且随着外加剂浓度的增加而增加，并且与减水剂种类有关。

从上文中探讨SBC对水泥净浆的影响发现，SBC的掺加不但能提高水泥净浆流动度，同时流动度保持效果明显优于SNF。大多数减水剂减水分散作用的一个来源是水泥颗粒吸附减水剂后，其表面产生负电荷，颗粒间产生静电斥力，通过静电斥力达到水泥颗粒分散的目的，水泥颗粒表面ζ电位越大，减水剂分散作用越好。

在混凝土高效减水剂中，除了某些减水剂（如聚羧酸系减水剂），当减水剂加入水泥拌和物中，由于水泥粒子吸附了减水剂分子，能够使水泥颗粒表面双电层电位发生变化，ζ电位电性由正转负，且绝对值明显增加，提高了静电排斥作用，有利于减水剂减水分散作用的发挥。本文对SBC在不同水泥的悬浮体系的ζ电位进行了研究。

图4.6是P.Ⅱ52.5水泥颗粒表面ζ电位与掺加不同减水剂的变化情况。掺加1%SBC_7的水泥颗粒ζ电位为-31.8mV，其绝对值略低于掺加1% SNF

的-35.2mV，但远远大于水泥表面ζ电位的+8.8mV。掺加0.5%SMHE的ζ电位为-20mV，掺加0.7%的SHEC的ζ电位为-28mV，尽管均低于SNF的ζ电位值，但都比较明显地降低了水泥颗粒表面电位值（绝对值增加）。表明这几种减水剂的掺入都能明显提高水泥颗粒的ζ电位绝对值，从而说明静电斥力是其发挥减水分散作用的一个重要方面。

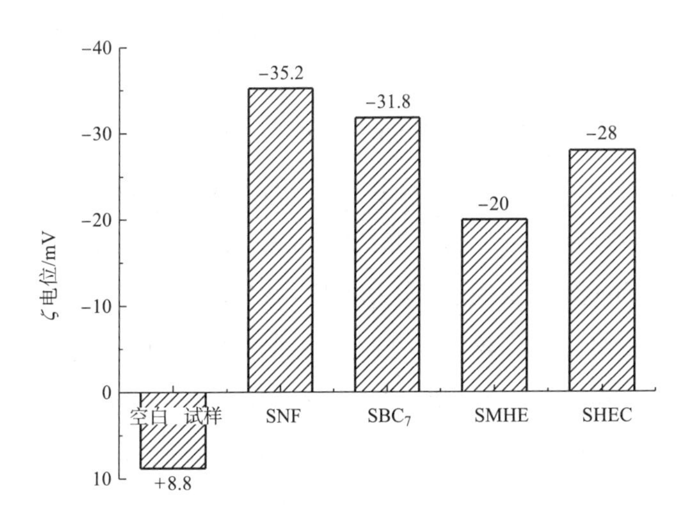

图4.6　P.Ⅱ52.5R水泥颗粒表面ζ电位

表4.2　P.032.5R水泥颗粒表面ζ电位

试样	空白样	SNF	SBC_6	SBC_7	SBC_8
ζ电位/mV	+8.9	-32	-23	-28	-31

表4.2是掺加不同减水剂后P.032.5R水泥颗粒表面ζ电位情况。从表4.2可见，吸附不同种类减水剂的P.032.5R水泥颗粒表面ζ电位存在差别。掺加SNF的水泥颗粒ζ电位绝对值均高于掺加SBC的值。对于同一种减水剂，掺加不同种类水泥中，发生吸附后水泥颗粒ζ电位也各不相同，如本试验中，同样掺加减水剂SNF的P.032.5R水泥颗粒ζ电位（绝对值）低于P.Ⅱ52.5R水泥颗粒ζ电位，掺加SBC_7的P.032.5R水泥颗粒ζ电位也低于P.Ⅱ52.5R水泥颗粒ζ电位。出现这种现象与水泥中熟料成分、碱含量不同等有关。有研究表明，不同的水泥熟料成分

对减水剂的吸附速率及吸附量有明显的影响，不同水泥矿物对同一种减水剂的吸附速度和吸附量不同，其顺序为$C_3A>C_4AF>C_3S>C_2S$。文中两种水泥的熟料成分相差很大，必然导致其表面ζ电位的差异。

对于实际应用的商品混凝土，只有较长时间地保持混凝土流动性，才能保证施工的顺利进行，因此对靠静电斥力发挥分散作用的减水剂而言，越长时间地保持ζ电位稳定越有利于其流动性的保持。本试验研究了掺加减水剂的水泥颗粒表面ζ电位随时间的变化情况。

图4.7是P.Ⅱ52.5R水泥中掺加SNF、SBC_7、SMHE和SHEC后水泥颗粒表面ζ电位随时间的变化，图4.8是P.032.5R水泥中掺加SNF、SBC_6、SBC_7和SBC_8后水泥颗粒表面ζ电位与时间的关系。从图4.7可见，掺加减水剂SNF的水泥颗粒表面ζ电位值随时间延长降低明显，从初始值-35.2mV降低到120min时的-18mV。可见，不论是何种水泥，掺加SBC的ζ电位保持性均明显优于SNF。ζ电位值保持效果与SBC的分子结构有关，尽管SBC_6初始ζ电位（绝对值）较低，但是120min内电位值（绝对值）变化很小，SBC_7和SBC_8在120min内的电位值均高于SNF的值。说明SBC在ζ电位保持性方面优于SNF，这一结果与水泥净浆流动度保持性结果相吻合。同样SMHE和SHEC的ζ电位随时间变化程度也远小于SNF的变化。说明，合成的几种减水剂可以在较长时间内让水泥保持较好的流动性。

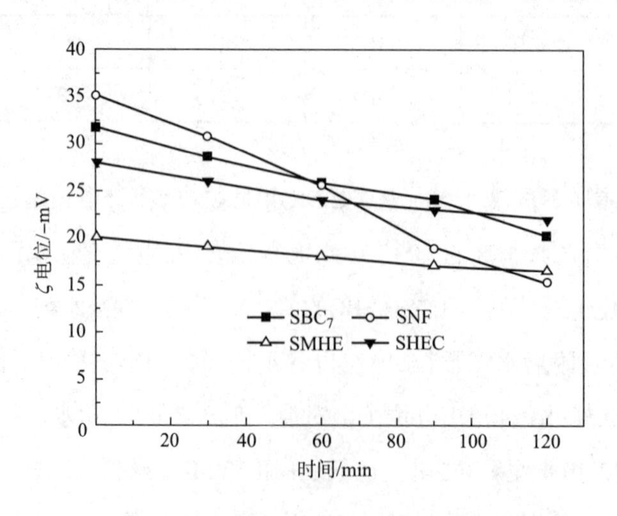

图4.7　P.Ⅱ52.5R水泥颗粒表面ζ电位随时间变化曲线

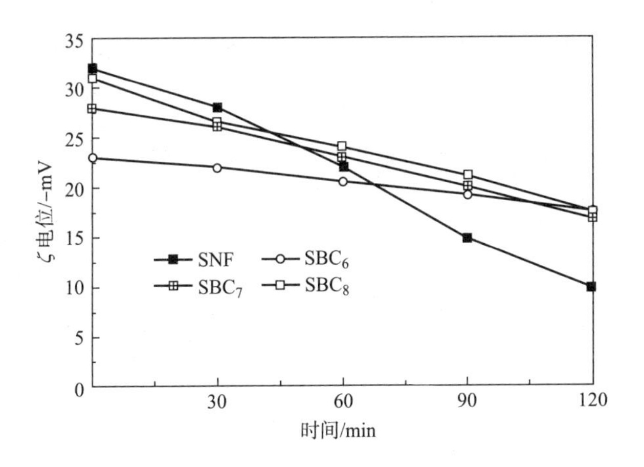

图4.8 P.O32.5R水泥颗粒表面ζ电位随时间变化

4.4 减水剂对水泥水化的影响

4.4.1 凝结时间

考察掺加减水剂后水泥净浆凝结时间，可以在一定程度上说明减水剂对水泥水化的影响。本文测定了萘系减水剂和合成的几种减水剂对水泥净浆凝结时间的影响，结果如表4.3及表4.4所示。表4.3是减水剂SNF和SBC对P.O32.5R水泥净浆凝结时间的影响，表4.4是SBC_7掺量对P.Ⅱ52.5R水泥凝结时间的影响，表4.5是SMHE对P.O42.5R水泥凝结时间的影响。

表4.3 减水剂对P.O32.5R水泥净浆凝结时间的影响

项目		空白	SNF	SBC_6	SBC_7	SBC_8
凝结时间/min	初凝时间	156	245	265	251	239
	终凝时间	215	318	355	328	331
凝结时间差/min	初凝时间差	—	89	109	95	83
	终凝时间差	—	103	140	113	116

从表4.3可见，掺加SBC延长了P.032.5R水泥净浆凝结时间，但是SBC分子结构不同凝结时间还存在差别，如SBC_6的取代度低，初凝和终凝时间分别延长了109min和140min，而SBC_8的取代度较高，两者数值分别为83min和116min，说明SBC分子结构的不同对水泥凝结时间影响程度不同。对于同一种SBC，不同掺量下对水泥凝结时间的影响也不相同，如表4.4所示，是SBC_7不同掺量对水泥净浆凝结时间的影响，结果显示，SBC_7掺量在0.5%时，初凝终凝时间差分别是82min和64min，而当掺量为1%时，初终凝时间差分别是119min和123min，说明随SBC掺量的增加，水泥凝结时间延长得越多，缓凝现象越明显。总体来说，在试验范围内，SBC取代度越高则缓凝程度越小。目前，有较多的文献研究水溶性纤维素醚对水泥水化的影响，研究人员均认为诸如HEC、HPMC、HEMC等对水泥有缓凝作用，但机理尚不明确，大多引用糖类或醇类与水泥作用模型来进行探讨。由于纤维素每个脱水葡萄糖单元（AGU）上都存在3个羟基，当与1,4-丁基磺酸内酯发生醚化反应时，纤维素分子上羟基数量减少，却不能被完全取代，而众多学者认为，羟基对水泥是有缓凝作用的。有关混凝土缓凝剂作用机理大致有四种，具有缓凝功能的SBC缓凝机理可以从以下方面考虑：在水泥水化的碱性介质中，羟基与游离的Ca^{2+}生成不稳定的络合物，使液相中Ca^{2+}质量浓度下降，同时也吸附于水泥颗粒表面与水化产物表面上的O^{2-}形成氢键，而其他羟基又可与水分子通过氢键缔合，使水泥颗粒表面形成了一层稳定的溶剂化水膜，从而抑制水泥的水化进程。而取代度不同的SBC分子链上羟基数量差别较大，不同的SBC对水泥水化进程影响程度必然存在差别。

表4.4　SBC_7掺量对P.Ⅱ52.5R水泥凝结时间的影响

项目		SBC_7掺量/%		
		0	0.5	1
凝结时间/min	初凝	146	228	265
	终凝	205	269	328
凝结时间差/min	初凝时间差	—	+82	+119
	终凝时间差	—	+64	+123

表4.5　SMHE对P.042.5R水泥凝结时间的影响

掺量/%	凝结时间		凝结时间差	
	初凝时间	终凝时间	初凝时间差	终凝时间差
0	112 min	138 min	—	—
0.2	167 min	214 min	57 min	76 min
0.4	342 min	461 min	230 min	323 min
0.6	12.5h	16.3h	＞10h	＞14h
0.8	＞1d	＞1d	＞1d	＞1d
1	＞3d	＞3d	＞3d	＞3d

表4.5是SMHE对P.042.5R水泥凝结时间的影响。从表中数据可见，随着SMHE的份数增加，水泥凝结时间都明显延长，当掺量超过0.6%以后，凝结时间畸长，这是普通减水剂共有的缺陷，普通减水剂的掺量超过一定程度会出现不正常的凝结现象，或是假凝或是缓凝，再结合掺加SMHE的水泥净浆流动度，可以初步判断SMHE仅能作为普通减水剂或缓凝减水剂来使用。

4.4.2　SBC对水泥水化的影响

为研究SBC的掺加对水泥水化的影响，测定了水泥水化热。采用P.Ⅱ52.5R水泥制备20mm×20mm×20mm立方体水泥试样，在标准养护条件下养护到相应龄期，取出以乙醇中止水化，以备水化热分析测试。

水泥的水化反应是放热过程，通过测定水泥水化热和放热速率可以间接反映水化反应速度。采用溶解热法测定水泥水化热［参见GB /T 12959—2008《水泥水化热测定方法（溶解热法）》］。计算结果见图4.9。

从图4.9可见，龄期3d空白样水泥水化热为359J/g，而掺加0.5%的SBC水泥水化热较低，为247J/g；掺量1%的SBC相同龄期的水化热更低，为288J/g，说明掺加SBC降低了水泥水化速率。但是龄期达到7d以后，掺加SBC试样的水化热提高明显，0.5%SBC的水泥水化热为458J/g，1%SBC的水化热达到480J/g，均高于空白样的水化热381J/g，说明掺加SBC有利于后期水泥浆体充分水化。

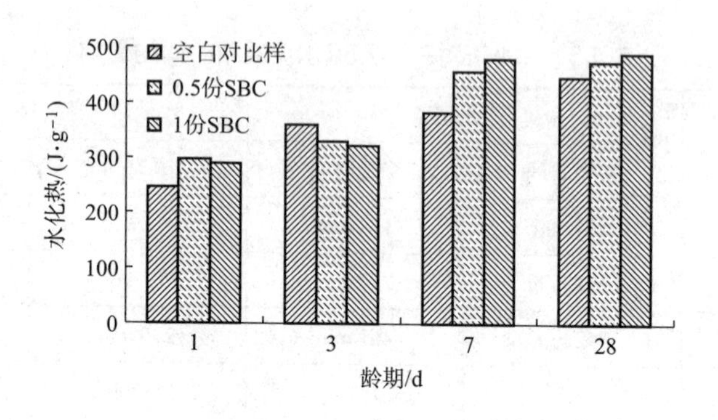

图4.9　水泥水化龄期与水化热关系

当龄期达到28d，掺加SBC试样的水化热较空白对比样略有提高，说明此时水泥水化程度已经很高，且程度相当。水化热的测量结果与凝结时间的测定吻合良好。

4.4.3　差示扫描量热分析

热分析方法是研究水泥水化及水泥烧制的重要工具。研究水泥水化的方法较多，差热分析（DTA）应用比较普遍，该方法也用来研究减水剂与水泥适应性的问题。本文采用DSC研究掺加SBC后对水泥水化的影响。采用DTA研究水泥水化性能时发现，从室温到900℃范围内，DTA谱图中共出现三个较大的吸热峰，分别是100～200℃范围的C—S—H凝胶脱水吸热峰，450～550℃范围的$Ca(OH)_2$受热分解峰以及700～800℃范围的$CaCO_3$分解同时伴有CO_2气体释放吸热峰。在水泥水化产物中，只有氢氧化钙（CH）的组分被精确测定，因此以其跟踪水泥水化进程具有说服力。减水剂SBC对水泥水化的影响主要体现在440～500℃范围的CH分解吸热峰，为提高实验仪器的使用效率，将DSC测试温度均设定在室温到500℃范围，确保CH分解吸热峰完全出现，来探讨SBC对水泥水化的影响。文中主要考察掺加SBC后水泥水化物受热条件下各个吸热峰位置变化及CH吸热率变化情况，结果见图4.10。

由图4.10可知，掺加1%SBC的水泥净浆硬化体试样水化3d的CH吸热峰面积（吸热率）为68.45J/g，7d吸热率为105.9J/g，掺加1%SNF相同龄期的试样吸热

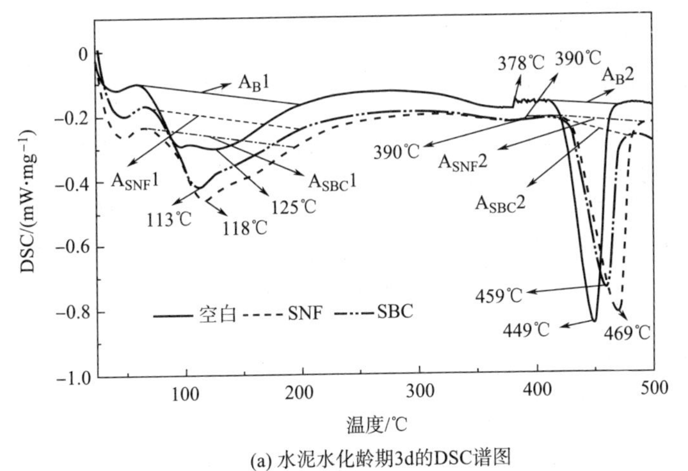

(a) 水泥水化龄期3d的DSC谱图

$A_B1=-82.81J/g$，$A_B2=-93.72J/g$；$A_{SBC}1=-81.05J/g$，$A_{SBC}2=-68.45J/g$；$A_{SNF}1=-74.99J/g$，$A_{SNF}2=-100.6J/g$

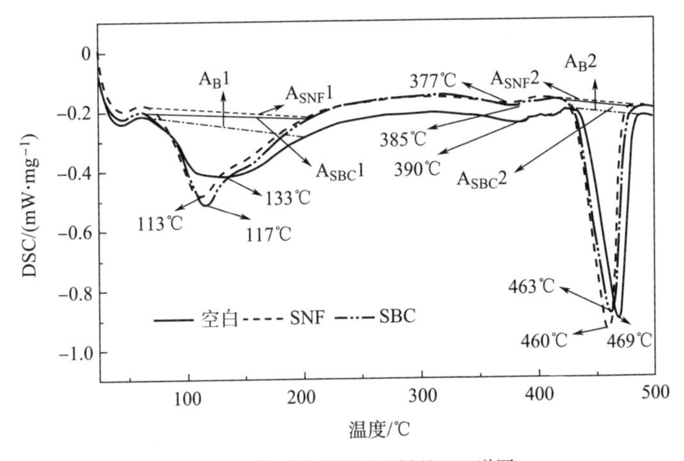

(b) 水化龄期7d试样的DSC谱图

$A_B1=-75.56J/g$，$A_B2=-98.45J/g$；$A_{SBC}1=-102.1J/g$，$A_{SBC}2=-105.9J/g$；$A_{SNF}1=-101.3J/g$，$A_{SNF}2=-107.1J/g$

图4.10　水泥硬化浆体DSC谱图

率分别为100.6J/g和107.1J/g，而空白样3d、7d的CH吸热峰面积（吸热率）分别为91.66J/g、98.62J/g。以上试验数据说明，龄期较短时，掺加SBC的水泥浆体水化程度比空白样低，而龄期超过7d的水化程度得到提高。换言之，SBC对水泥水化有一定程度的缓凝作用。同时从试验结果分析可知，SNF减水剂有促进水泥水化的作用，所以水化初期形成的CH量较多，导致吸热率高，这一结果与测试净浆流动度时损失较快相吻合。

CH分解温度的差别反映出减水剂在水泥表面的吸附作用。如3d龄期时，掺加减水剂SBC和SNF的试样CH的分解峰位置均向高温位置移动，说明水泥颗粒表面吸附减水剂后生成某种钙的络合物，有效阻止CH受热分解，需要更高的温度才能使之分解，因此分解温度升高。对于减水剂在水泥颗粒上的吸附属于化学吸附抑或是物理吸附还需要其他分析手段来确定。

研究减水剂对水泥水化的影响发现：随着SBC掺量增加凝结时间延长，说明SBC具有一定缓凝作用。对水化3d后的试样进行水化热测定以及DSC热分析表明，水化物中存在的$Ca(OH)_2$量多于对比样，因此说明水泥水化程度进一步得到提高，SBC对水泥的缓凝作用仅仅表现在水化开始后的几个小时或者稍长的时间内，但不会影响其后期水化。

4.4.4 X射线衍射分析

水泥熟料主要包括C_3S、C_2S、C_3A、C_4AF及$CaSO_4$等，水泥水化过程是一个复杂过程，加入减水剂以后，水化过程变得更加复杂。水泥熟料会参与水化反应，随着水化进程的深入逐渐转化成水化物，最终生成的水化物主要是$Ca(OH)_2$、水化硅酸钙（C—S—H）、钙矾石（$3CaO\cdot Al_2O_3\cdot 3CaSO_4\cdot 32H_2O$，AFt）及其他水化产物，并且随着龄期延长水化物量逐渐增加。因此可以采用XRD分析水化过程中水泥物相组成，探讨减水剂对水泥水化进程的影响。

图4.11是不同龄期水泥水化物XRD物相分析结果。测试龄期从5h（水泥与水接触即开始计时）直到28d。从图4.11可知，水泥与水接触很快就发生水化反应，因此即使是水化初期，水化水泥试样也是水泥熟料与部分水化物共存的，XRD衍射峰中能体现出Alite（3.023 Å[1]，2.930 Å，2.770Å，2.178Å，1.766Å）、Belite（2.770 Å，2.739 Å，2.18 Å）、CH（4.905 Å，2.624 Å）、

[1] 1nm=10Å。

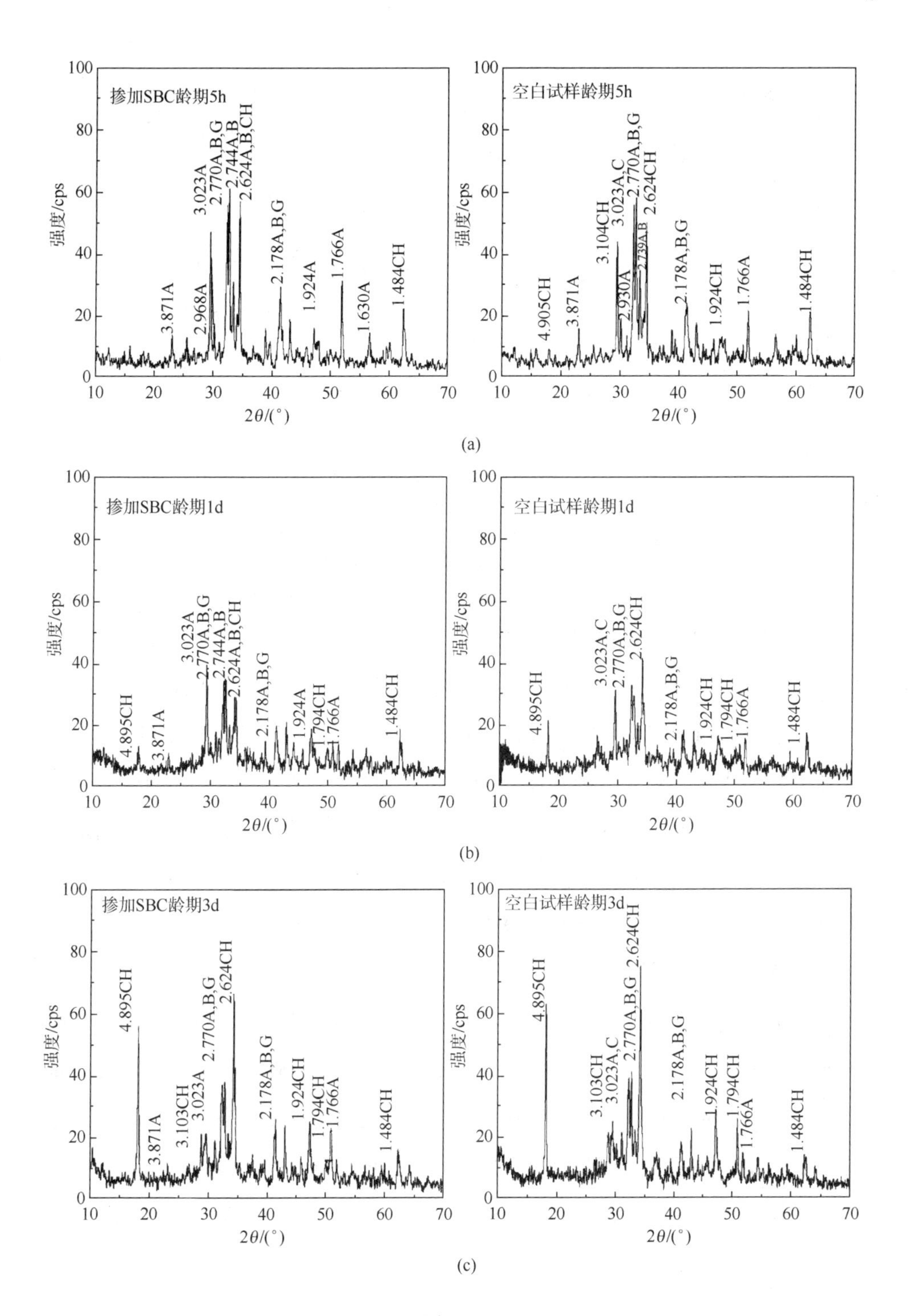

掺加SBC龄期5h
3.871A
2.968A
3.023A
2.770A,B,G
2.744A,B
2.624A,B,CH
2.178A,B,G
1.924A
1.766A
1.630A
1.484CH
空白试样龄期5h
4.905CH
3.871A
3.104CH
3.023A,C
2.930A
2.770A,B,G
2.739A,B
2.624CH
2.178A,B,G
1.924CH
1.766A
1.484CH
掺加SBC龄期1d
4.895CH
3.871A
3.023A
2.770A,B,G
2.744A,B
2.624A,B,CH
2.178A,B,G
1.924A
1.794CH
1.766A
1.484CH
空白试样龄期1d
4.895CH
3.023A,C
2.770A,B,G
2.624CH
2.178A,B,G
1.924CH
1.794CH
1.766A
1.484CH
掺加SBC龄期3d
4.895CH
3.871A
3.103CH
3.023A
2.770A,B,G
2.624CH
2.178A,B,G
1.924CH
1.794CH
1.766A
1.484CH
空白试样龄期3d
4.895CH
3.103CH
3.023A,C
2.770A,B,G
2.624CH
2.178A,B,G
1.924CH
1.794CH
1.766A
1.484CH
强度/cps
2θ/(°)
0
20
40
60
80
100
10
30
50
70

(a)

(b)

(c)

图4.11

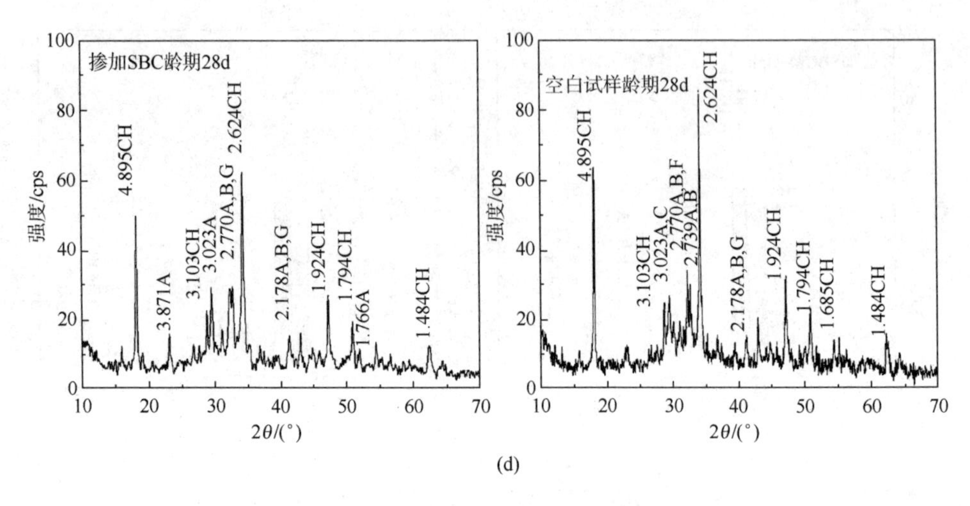

(d)

图4.11　不同龄期水化水泥XRD分析图

A—Alite　B—Belite　CH—$Ca(OH)_2$　G—AFt　C—$CaCO_3$

a，b，c和d分别代表龄期为5h、1d、3d和28d

AFt（2.770 Å，2.178 Å）等物相的存在。其中2θ值为18°，d值为4.905Å处的CH衍射峰强度随龄期变化尤其明显，有研究人员以此峰研究表征水泥水化程度或者水化速率。当龄期为5h时，空白水化试样已经产生CH衍射峰，1d时CH衍射峰强度增加明显，到3d时峰强度已经很高，基本上与28d龄期试样的峰强度相当。与此同时，Alite相的衍射峰强度随着龄期延长逐渐减弱，到28d龄期Alite基本上消耗殆尽。作为减水剂，SBC的掺加必然影响水泥水化的进程，从CH衍射峰强度可以发现，龄期为5h时未出现明显的CH衍射峰，随水化龄期的延长CH衍射峰逐渐显现并逐渐增强，到龄期为1d时，CH衍射峰已经比较明显，其峰强度明显弱于空白试样，到3d龄期时，CH衍射峰强度基本与未掺加减水剂的水化试样相当。掺加SBC试样的Alite相衍射峰强度也随水化龄期的延长而减弱，说明SBC对水泥水化初期影响较大，而后期水化速度提高很快，基本上不影响后期结构的发展，因此也不会影响水泥后期强度。XRD测试结果与前文中关于水泥水化热和DSC测试结果一致。

4.5　SBC对水泥净浆硬化体表观形貌分析

研究SBC对水泥水化物形貌的影响需要制备水泥试块，同时测试了SBC对水泥硬化体的强度影响，结果见表4.6。试样制备时选用SBC_7，掺量为水泥质量的1%。从表中可见，掺加SBC_7的水泥石3d强度增加得较少，仅是空白样的112%；28d强度增加比较明显，达到空白样的135%。说明SBC对硬化水泥具有增强作用。

表4.6　SBC对水泥抗压强度的影响

龄期	抗压强度比/%	
	基准样	掺加SBC_7试样
3d	100	112
28d	100	135

水泥水化可用水泥水化放热速度与时间关系曲线表征，图4.12是典型的水泥水化放热曲线。一般认为，水化开始后即有AFt生成，如第一个峰所示。第二个峰则是有C_3S水化形成的CH相，第三个峰是由于石膏消耗完毕后，AFt向AFm的转化。与此相对应的水泥浆体中各类水化物形成和发展过程如图4.13所示。说明从水泥与水接触开始，水泥水化反应即开始进行，而且随着龄期的变化水泥水化物也在变化，水泥熟料在消耗转化的同时伴随新水化物的生成。

采用扫描电镜（SEM）对不同龄期的水泥水化物表观形貌进行研究，结果如图4.14所示。图中B、S分别代表水泥浆体基准样和掺加1%SBC的水泥浆体试样，3、28代表龄期。从龄期3d的SEM可见，掺加SBC的水泥水化产物在3d时产生大量的AFt晶体，而素水泥石中AFt晶相较少，但存在大量的板片状C—H晶体，说明SBC的掺加能促进C_3A水解，加速AFt的生成。从S3的SEM图可以清楚

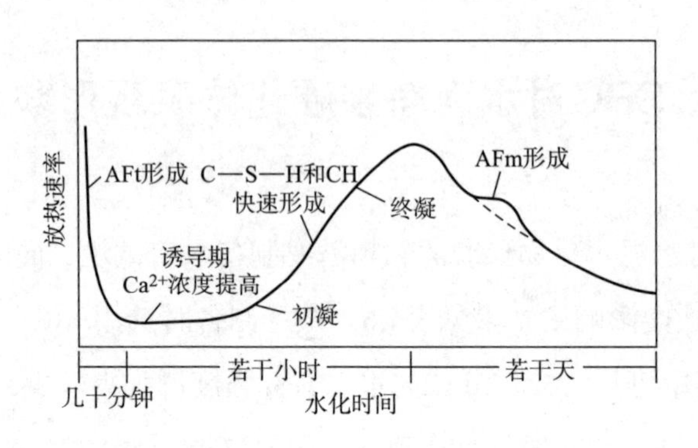

图4.12 硅酸盐水泥水化放热曲线

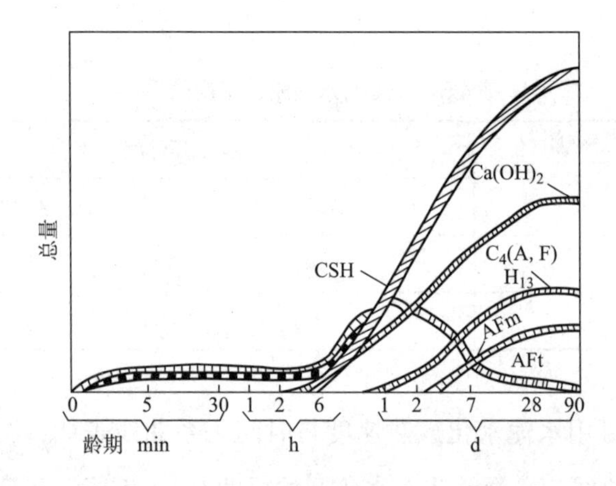

图4.13 水泥水化产物的形成与浆体结构发展示意图

地看到，生成的AFt晶体与C—S—H凝胶体相互搭接形成一个整体，构成网络结构，有利于整体强度的提高。从龄期28d的SEM图可以看到，掺加SBC的水泥石中形成的晶体晶粒比较细小，水化产物中有大量簇状C—S—H凝胶体生成，结构更加紧凑、密实，通过以上分析说明掺加SBC有利于水泥浆体的水化，进而促进水泥石强度的提高。

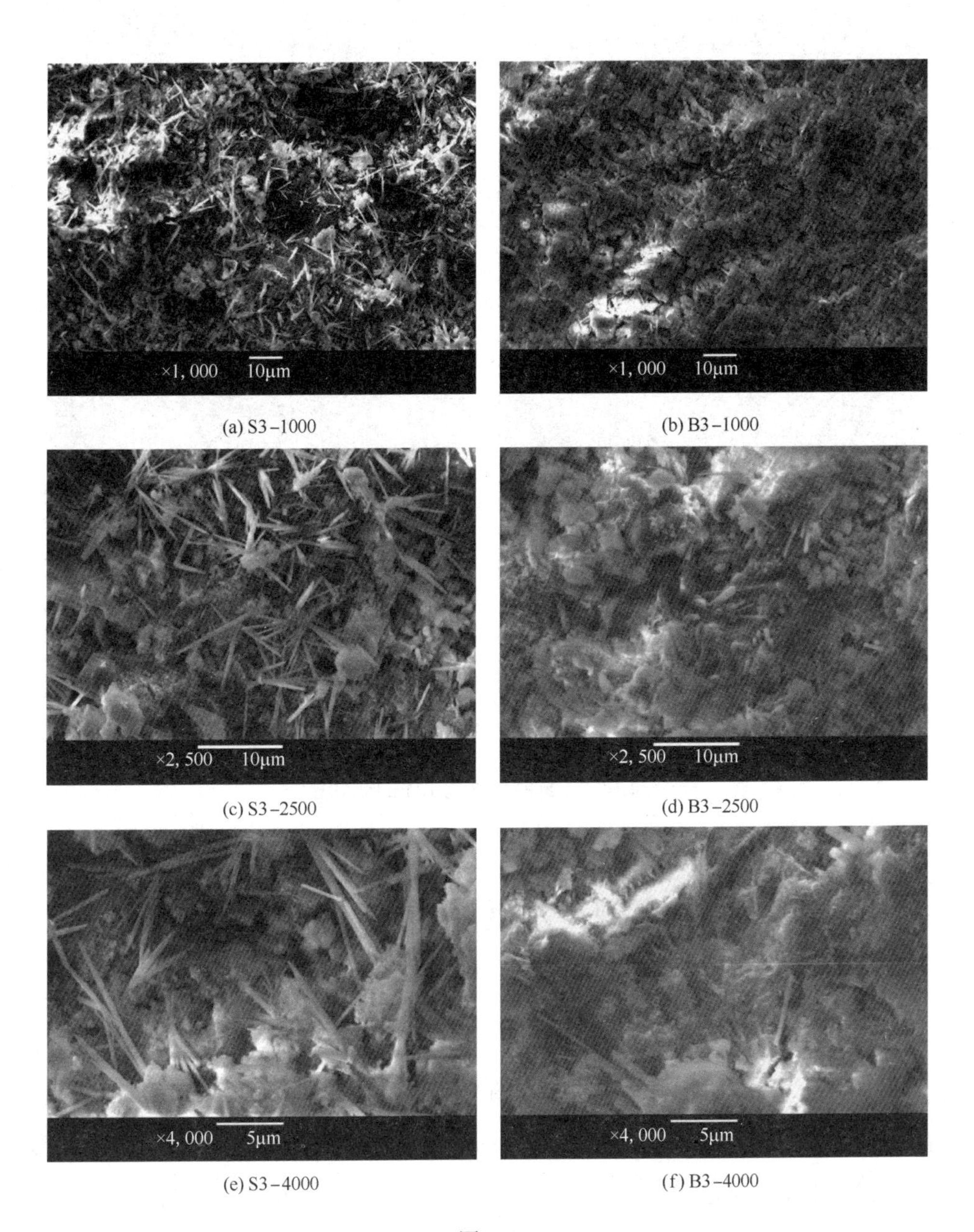

(a) S3-1000　(b) B3-1000

(c) S3-2500　(d) B3-2500

(e) S3-4000　(f) B3-4000

图4.14

(g) S28－1000　(h) B28－1000

(i) S28－4000　(j) B28－4000

图4.14　不同龄期硬化水泥的SEM图

4.6　减水剂在水泥颗粒表面吸附特性

4.6.1　吸附量测定

一般认为，减水剂发挥分散作用的基础是水泥颗粒表面对减水剂的吸附。减水剂的吸附改变了水泥分散体系固—液界面的性质（电荷分布、空间位阻等），使水泥颗粒之间的作用力发生变化，从而影响固体颗粒在液体中的分散性质。减水剂在颗粒表面的吸附量、吸附层厚度、吸附类型等对颗粒的分散作用及分散稳定性都有重要的影响。减水剂分子结构不同，吸附特性也不相同。研究不同减水剂的吸附特性，有助于深入了解减水剂作用机理，明确减水剂结构与性能的相互关系，为高性能减水剂的开发与应用提供正确的指导。

对稀溶液而言，固—液分散体系中固体粒子对溶质的吸附等温线大体分为S、L、H、C四大类，L型被认为是单分层吸附。作为水泥分散剂的高效减水剂大多是高分子表面活性剂，它们在水泥颗粒表面吸附呈现朗格缪尔（Langmuir）型。朗格缪尔型吸附等温线可以用朗格缪尔方程来描述。

$$\Gamma=\Gamma_{\infty}\frac{kc}{1+kc} \tag{4.1}$$

其直线式为：

$$\frac{c}{\Gamma}=\frac{c}{\Gamma_{\infty}}+\frac{1}{\Gamma_{\infty}k} \tag{4.2}$$

式中：Γ为吸附量（mg/g）；Γ_{∞}为极限吸附量（mg/g）；c为平衡浓度（g/L）；k为常数，与吸附热有关。

可根据直线式，用c/Γ—c作图可得到一直线，求出直线的截距和斜率，可以得到极限吸附量Γ_{∞}和常数K的具体数值。本文采用COD法测定减水剂在水泥颗粒的吸附量，在吸附平衡条件下计算饱和吸附量。

图4.15是P.Ⅱ 52.5R水泥对SNF与SMHE的等温吸附曲线。从图4.15中可见，在较低掺量下，水泥颗粒对减水剂的吸附量均随减水剂浓度的增加而增加。但是当减水剂份数增加到一定程度（SNF浓度为10g/L），吸附量不再随减水剂浓

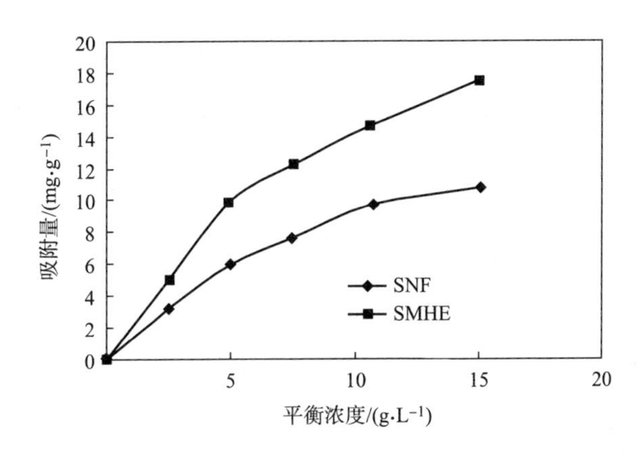

图4.15　SNF和SMHE的等温吸附

度增加而明显增加，此时减水剂达到吸附平衡。水泥颗粒对两种减水剂吸附量的差异比较明显，相近掺量下，SMHE的吸附量明显大于SNF的吸附量，这种情况的出现与SMHE和SNF的分子结构差异有关。SMHE的分子结构如图4.16所示，既有支链树枝状分子，也有直链分子，因此吸附形态与SNF相差较大。有研究表明，SNF分子是“平躺”吸附状态，而淀粉衍生物可能是立体吸附。

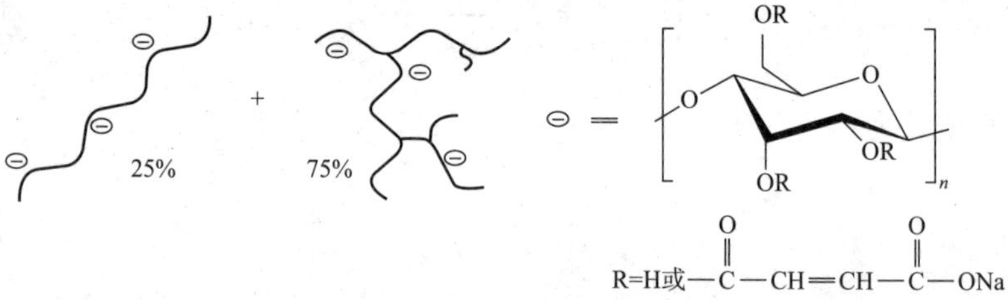

图4.16　SMHE的分子结构

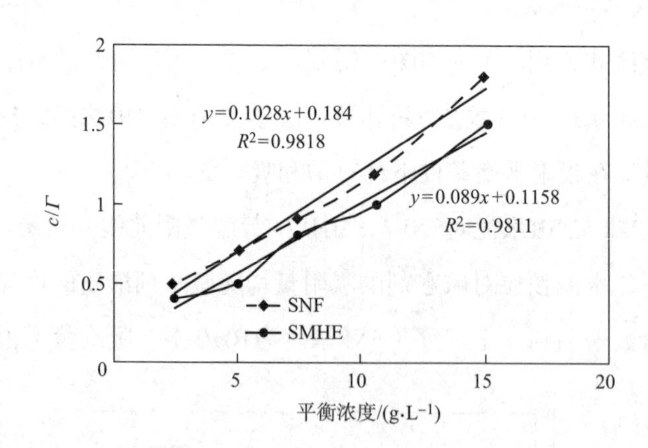

图4.17　SMHE和SNF极限吸附量的计算

图4.17是SMHE和SNF等温吸附的直线式，经过线性回归可计算出SNF的极限吸附量为11.23mg/g，SMHE的极限吸附量是9.73mg/g。

图4.18是SBC在水泥颗粒上的等温吸附。由图可见，SBC在水泥颗粒上的吸附是Langmuir型吸附。三种SBC的吸附量均随其浓度增加而增加，当平衡浓度达到一定程度增加趋势变缓。图4.19是SBC等温吸附的直线式，同样经过将c/Γ—c线性回归处理，可计算出不同结构参数的SBC的极限吸附量。SBC_8的极

限吸附量约为4.66mg/g，SBC_6的极限吸附量约为5.33mg/g，SBC_7的极限吸附量约为5.49mg/g。

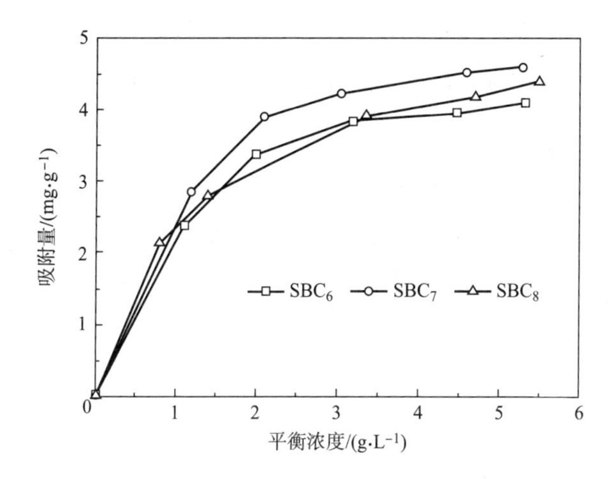

图4.18　SBC的等温吸附

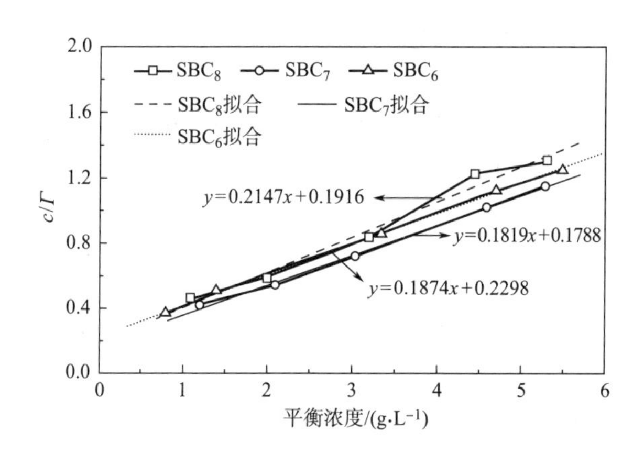

图4.19　SBC极限吸附量计算

4.6.2　吸附层厚度测定

正如不同水泥颗粒对不同减水剂的吸附量存在差异，不同种类减水剂被水泥颗粒吸附后，由于减水剂的分子结构、特征基团等的差异，必然导致吸附层厚度不同。实验中采用X射线光电子能谱仪对吸附减水剂前后水泥颗粒进行全元素分析。由于减水剂SNF在水泥颗粒表面的吸附层厚度较为明确，大致在几纳米范围内，比较适合采用变角XPS测试，同时以掺加SNF的水泥颗粒试样进行Ar离子刻蚀，校正仪器对掺加减水剂的水化水泥的刻蚀速率。在测试分析过程中，以C1s的结合能为基准，即确定C1s结合能保持285eV不变，以Ca2p［标准结合能为（346.9 ± 0.15）eV，选择结合能为347eV是可行的］的结合能变化确定减水剂与水泥之间结合状态。

图4.20是空白试样的XPS全元素谱，主要反映出水化水泥中几种特征元素的结合能和相对强度。从图4.20可见，C1s结合能是285eV，Ca2p的结合能是347eV，O1s结合能是532eV。图4.21是空白试样C1s和Ca2p的XPS谱图。

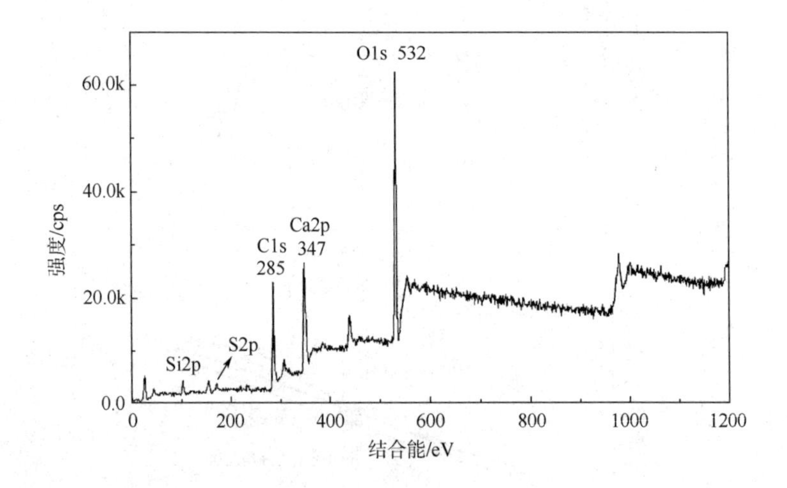

图4.20　空白试样的XPS谱图

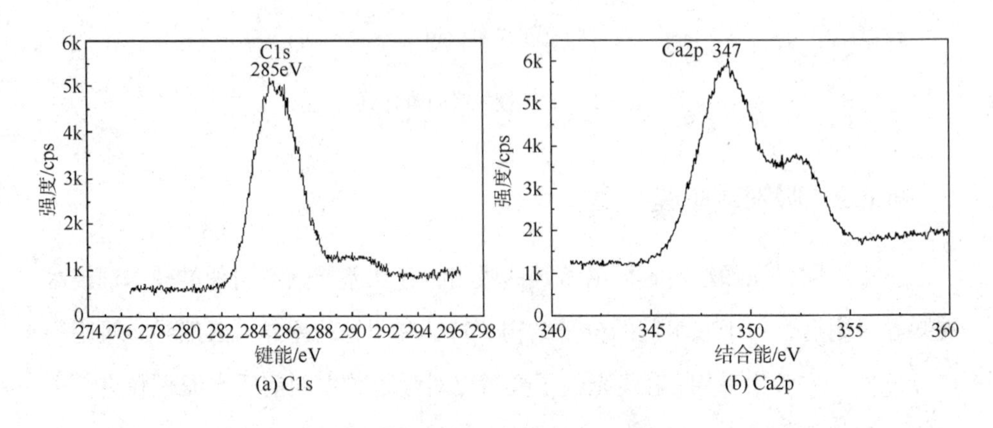

图4.21　空白试样C1s和Ca2p的XPS谱图

图4.22是掺加SNF的水泥颗粒表面Cls的变角XPS图谱。对掺加SNF的水泥颗粒分别在60° 和30°下进行XPS表面分析。利用公式$\lambda(E_k)=AnE_k^{-2}+Bn(E_k)^{1/2}$计算得到X光电子非弹性散射自由程$\lambda(E_k)$为3.81nm，并由式（2.13）计算出水泥颗粒吸附SNF的吸附层厚度b为0.82nm。采用氩离子刻蚀方法对吸附层进行深度剖析，当刻蚀时间为80s时，C1s峰强度基本与空白样相当，见图4.23～图4.25，经分析可知此时刻蚀深度已经达到水泥颗粒吸附层的厚度，计算得出Ar离子刻蚀速率为0.62nm/min。在以下研究其他种类减水剂在水泥颗粒表面吸附层厚度时，均采用刻蚀速率为0.62nm/min来计算。

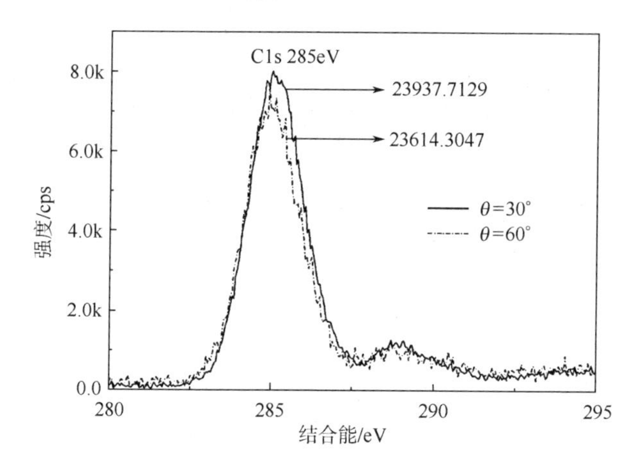

图4.22　掺加SNF的水泥颗粒表面C1s的变角XPS图谱

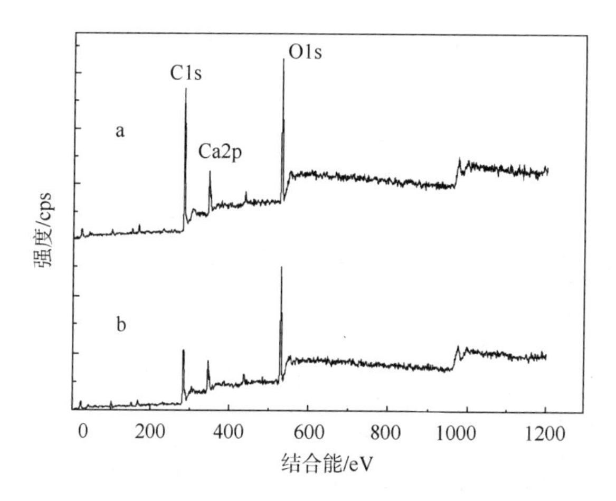

图4.23　掺加SNF后不同刻蚀时间水泥颗粒表面的XPS全谱

a—未刻蚀　b—刻蚀刻蚀时间为80s

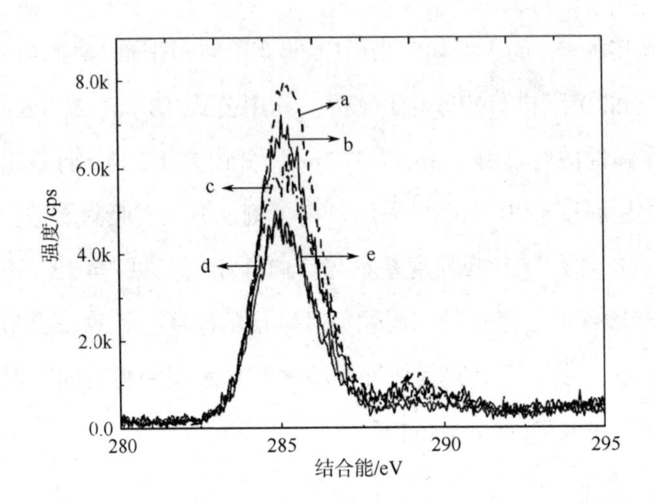

图4.24　掺加SNF水泥颗粒C1s电子吸收峰强度与刻蚀时间的关系

（a～e的刻蚀时间分别为0，20s，40s，60s，80s）

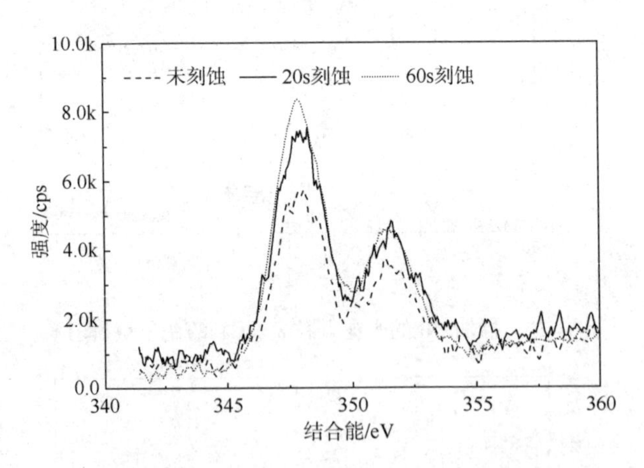

图4.25　掺加SNF后刻蚀时间与Ca2p吸收峰强度的关系

图4.26是掺加SBC的水泥水化物不同刻蚀时间的XPS全谱，图4.27是掺加SBC不同刻蚀时间的C1s电子吸收峰强度，图4.28是掺加SBC水泥颗粒刻蚀前后Ca2p电子吸收峰强度。经过对图4.26～图4.28的分析可知，经过360s的刻蚀，基本已经对水泥颗粒表面的SBC吸附层刻蚀完毕。

图4.29是刻蚀前后掺加SMHE的XPS全谱，图4.30是掺加SMHE刻蚀660s后Ca2p及C1s电子吸收峰强度。对比刻蚀660s后C1s吸收峰与空白试样C1s吸收峰

强度，可以发现，经过刻蚀，两者的强度相当，可认为此时已经将吸附层刻蚀完毕，刻蚀的总厚度即为吸附层厚度。

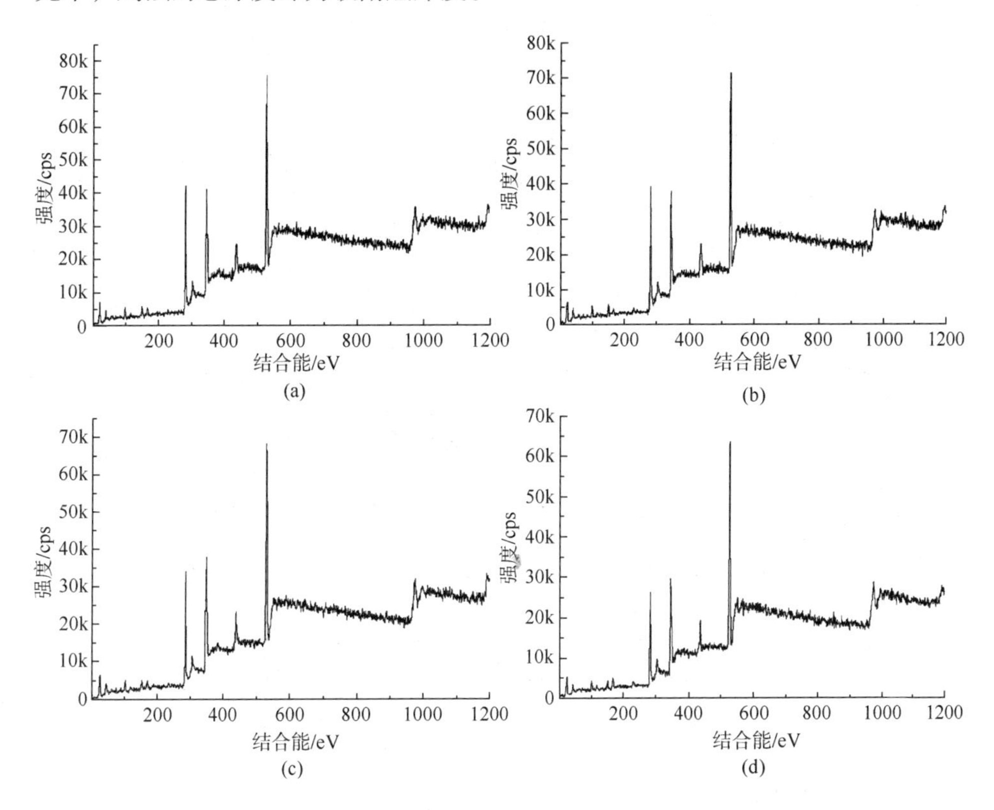

图4.26　掺加SBC的水泥水化物不同刻蚀时间的XPS全谱

a～d的分别代表刻蚀时间是0，2min，4min和6min的XPS谱图

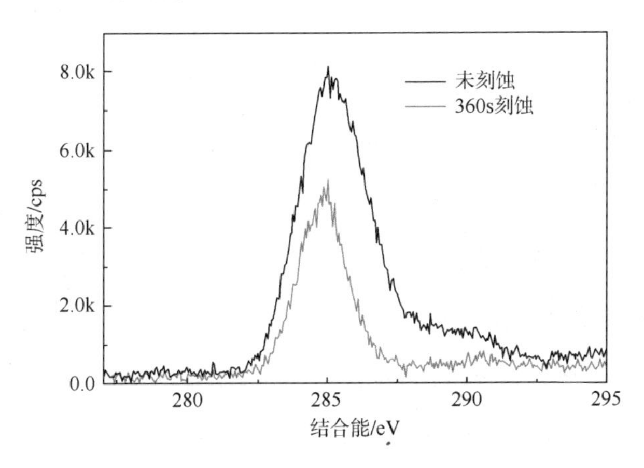

图4.27　掺加SBC不同刻蚀时间的C1s电子吸收峰强度

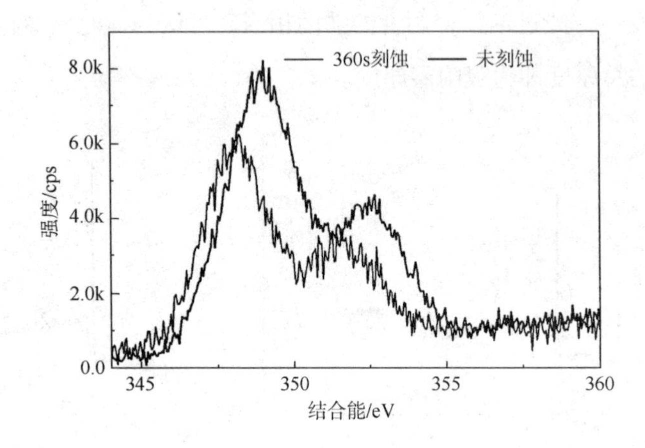

图4.28 掺加SBC水泥颗粒刻蚀前后Ca2p电子吸收峰强度

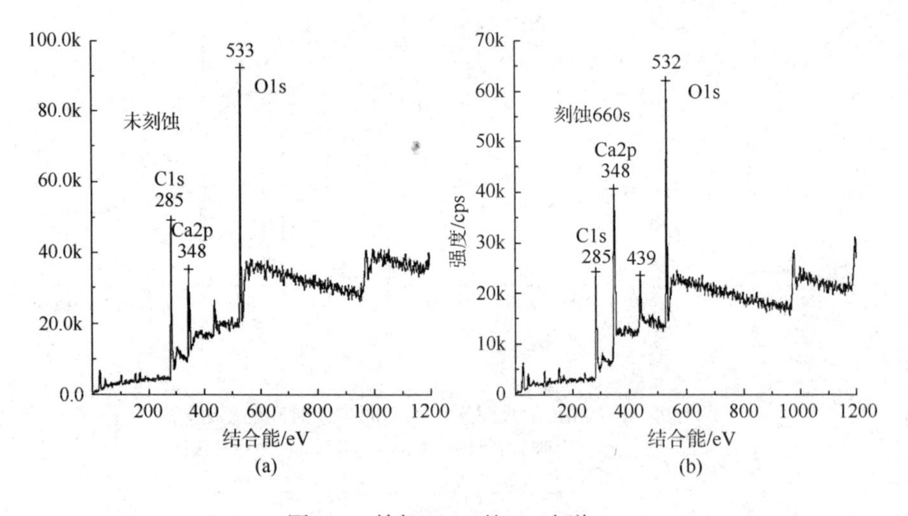

图4.29 掺加SMHE的XPS全谱

经Ar离子刻蚀，可计算出不同减水剂在水泥颗粒表面吸附层厚度（表4.7），SNF的吸附层厚度为0.82nm，这个结果与文献中的0.58nm比较接近；而本试验制备的减水剂SBC在水泥颗粒表面形成的吸附层厚度为3.72nm，是SNF的吸附层厚度的4.5倍；SMHE的吸附层厚度最大，为6.82nm，是SNF的吸附层的8.3倍。吸附层的存在，有利于减水剂空间位阻作用的发挥，一方面能改善减水分散性能；另一方面也能改善流动度经时损失，这方面内容将在以下章节加以探讨。

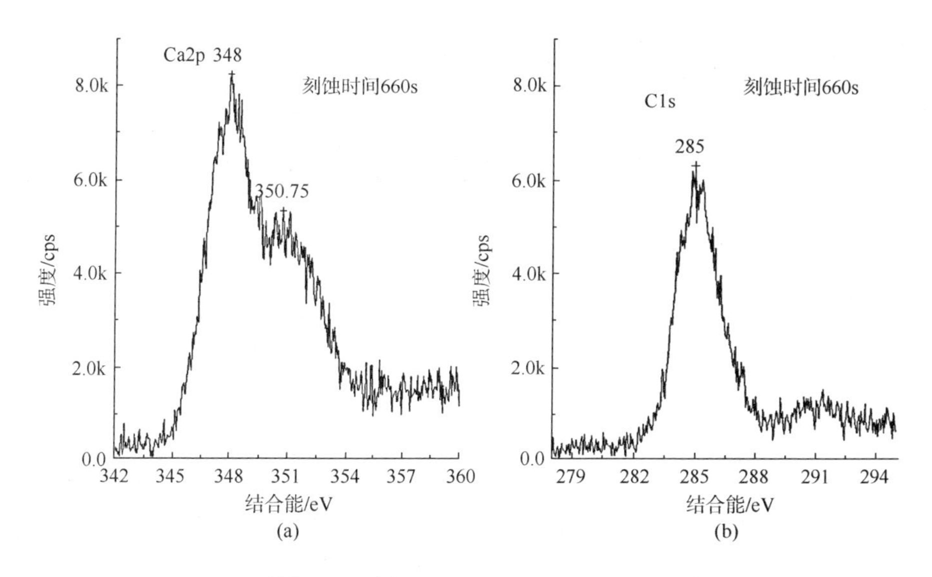

图4.30　掺加SMHE刻蚀660s后Ca2p及C1s电子吸收峰强度

表4.7　水泥颗粒吸附不同减水剂的吸附层厚度

试样	刻蚀速率/（nm·min^{-1}）	刻蚀时间/s	吸附层厚度/nm
SNF	0.62	80	0.82
SBC		360	3.72
SMHE		660	6.82

由于文中采用C1s电子结合能相对稳定，可作为其他电子结合能的校正基准，测得的Ca2p结合能与基准Ca2p结合能发生一定的化学位移，结果如表4.8所示。根据相关文献的Ca2p结合能应该为347eV，掺加SNF的水泥颗粒刻蚀前后的Ca2p分别增加了0.75eV和0.8eV，产生了较大的位移，说明SNF与水泥发生了化学吸附，这与有关资料有出入，资料认为SNF与水泥颗粒主要发生物理吸附；掺加SBC的水泥颗粒Ca2p结合能发生较明显的化学位移，向高场方向移动，刻蚀前的结合能位移增加了2.0eV，刻蚀后结合能位移增加了1.2eV，说明SBC与水泥颗粒表面发生了化学吸附；掺加SMHE的水泥颗粒表面Ca2p刻蚀前后的Ca2p结合能位置变化也得出相同结论。从而说明这三种减水剂SNF、SBC

及SMHE均与水泥发生了化学吸附。

表4.8　掺加不同减水剂Ca2p结合能

<table>
<tr><th colspan="2">项目</th><th>空白</th><th>SNF</th><th>SBC</th><th>SMHE</th></tr>
<tr><td rowspan="3">Ca2p的结合能（E_b）/eV</td><td>刻蚀前E_b</td><td rowspan="2">347</td><td>347.75</td><td>349</td><td>348.0</td></tr>
<tr><td>刻蚀后E_b</td><td>347.8（80s）</td><td>348.2（360s）</td><td>348.0（660s）</td></tr>
<tr><td>标准E_b</td><td colspan="4">346.6</td></tr>
<tr><td rowspan="2">结合能偏差/eV</td><td>刻蚀前</td><td>—</td><td>+1.15</td><td>+2.4</td><td>+1.4</td></tr>
<tr><td>刻蚀后</td><td>—</td><td>+1.2</td><td>+1.6</td><td>+1.4</td></tr>
</table>

4.7　减水剂的作用机理

4.7.1　减水剂作用机理研究进展

（1）DLVO理论

DLVO理论是苏联学者德查金和朗道（Derjaguin和Landan）以及其后的荷兰学者维韦和奥弗比克（Verwey和Overbeek）分别独立地提出来的。该理论认为带电胶粒之间存在两种相互作用力：双电层重叠时的静电斥力和粒子之间的范德瓦耳斯引力（长程力），它们相互作用决定了胶体的稳定性。当吸引力占优势时，溶胶发生聚沉；而当排斥力占优势，并大到足以阻碍由于布朗运动发生碰撞聚沉时，则胶体处于稳定状态。由此可见，DLVO理论研究带电胶粒稳定性的基础是研究这两种力及其相互作用。

根据DLVO理论，两粒子间排斥能U_R如下式：

$$U_R=\frac{64\pi n_0 a k_B T}{\kappa^2}\gamma_0^2 e^{-\kappa H} \tag{4.3}$$

式中：a为离子半径；H为粒子间距；$\kappa=\sqrt{\frac{2n_0 Z^2 e^2}{\varepsilon kT}}$，Debye—Hückel常数；$n_0$为电解质浓度；$T$为开氏温度；$k_B$为Boltzmann常数；$Z$为溶液中离子的电荷

数；$\gamma_0=\dfrac{\exp(Ze\Psi_0/2k_BT)-1}{\exp(Ze\Psi_0/2k_BT)+1}$。

而两球形粒子由范德瓦耳斯引力所产生的相互作用能U_A为：

$$U_A=-\frac{Aa}{12H} \tag{4.4}$$

式中：A为Hamaker常数。

则体系中颗粒的总位能：$U=U_A+U_R$。颗粒的存在状态由位能的大小决定，由图4.31势能曲线可以看出，曲线I表示$U=U_R+U_A$存在有极大值U_{max}，它是两个粒子聚沉时必须越过的势垒，势垒越高胶体越稳定。当$U_{max}=0$（曲线Ⅱ）时，聚沉速度只受布朗运动所产生的碰撞频率支配，即为急速聚沉。当$U_{max}>0$时（曲线Ⅰ）聚沉速度缓慢，即为缓慢聚沉。对于普通溶胶，如果U_{max}/k_BT等于15～25时，粒子能够保持稳定的分散状态。

静电斥力理论（DLVO）比较圆满地解释了萘系减水剂及三聚氰胺系减水剂作用机理，但在解释氨基磺酸系和聚羧酸系减水剂时却面临困难，比如掺加聚羧酸系减水剂的水泥颗粒的ζ电位很低却具有理想的减水分散效果，且可以较长时间地保持较高流动度等，该现象很难采用DLVO理论给出合理的解释，因此人们提出了基于空间位阻作用的HVO理论。

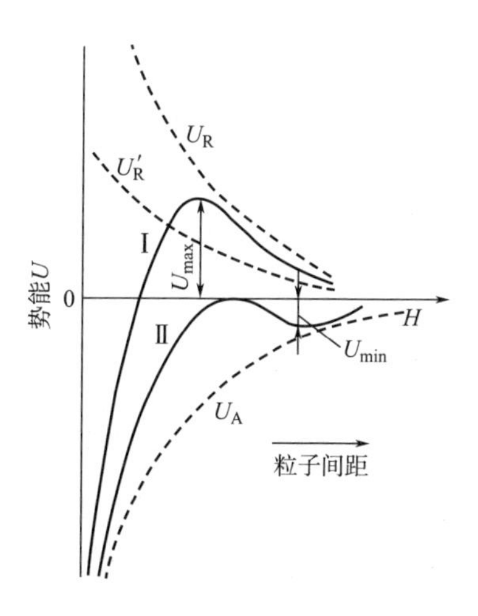

图4.31　颗粒间位能曲线

（2）空间位阻理论（HVO）。粒子表面吸附高分子表面活性剂时将形成一定厚度的吸附层，具有这种吸附层的两个粒子相互接近时引起吸附层的碰撞重叠，体系的自由能发生变化。若这种自由能的变化ΔG为正值则起排斥作用，若是负值则起凝聚作用。相同物质所形成的吸附层由于条件不同可表现出分散作用，也可显示出凝聚作用。由于吸附层重叠而使渗透压上升的效果导致自由能变化，变化量可以表示为：

$$\Delta G_1=\frac{4\pi KTC_\delta^2}{3v_1\rho^2}(\Psi_1-K_1)(\delta-\frac{h}{2})^2(3a+2\delta+\frac{h}{2}) \tag{4.5}$$

式中：K为Boltzmann常数；T为绝对温度；δ为空间电荷密度；C_δ为吸附层内的高分子或活性剂的浓度；(Ψ_1-K_1)为将吸附层看作溶液时，由于吸附层重叠而类似溶液混合时的热力学参数；v_1为溶剂分子的体积；δ为吸附层的厚度；h为粒子间距；a为粒子半径。

当$\Delta G_1>0$时颗粒之间即表现出斥力，有分散作用。根据式（4.5）可以发现(Ψ_1-K_1)越大，吸附层物质的分子量越大，吸附量越大，粒子越小，阻止凝聚（分散）的效果越大。

空间位阻理论在研究氨基磺酸系和聚羧酸系减水剂的作用机理时，得到比较满意的结果。

（3）减水剂作用的其他理论。

①引气隔离“滚珠”作用。某些减水剂如木质素磺酸盐与腐殖酸盐等减水剂，能降低液气界面张力，故具有一定的引气作用。这些减水剂掺入混凝土拌和物中，不但能吸附在固—液界面上，而且能吸附在液—气界面上，在混凝土拌和物中易形成许多微小气泡。减水剂分子定向排列在气泡的液—气界面上，使气泡表面形成一层水化膜，同时带上与水泥颗粒相同的电荷。气泡与气泡之间，气泡与水泥颗粒之间均产生静电斥力，对水泥颗粒产生隔离作用，从而阻止水泥颗粒凝聚。而且气泡的滚珠和浮托作用，也有助于新拌混凝土中水泥颗粒、骨料颗粒之间的相对滑动。因此，减水剂所具有的引气隔离“滚珠”作用可以改善混凝土拌和物的和易性。此理论可以解释具有一定引气效果的减水剂

作用机理。

②水化膜润滑作用。减水剂大分子链上大多含有一定数量的极性基团，如有磺酸基、羟基和醚基等，这些极性基团具有较强的亲水作用，能与水形成氢键，故其亲水性更强。因此，减水剂分子吸附在水泥颗粒表面后，可使水泥颗粒表面形成一层具有一定机械强度的溶剂化水膜。水化膜的形成可破坏水泥颗粒的絮凝结构，释放包裹于其中的拌和水，使水泥颗粒充分分散，并提高水泥颗粒表面的润湿性，同时对水泥颗粒及骨料颗粒的相对运动具有润滑作用，这种润滑作用有助于水泥颗粒的分散，宏观上表现出水泥净浆流动性增大。

上述理论仅限于理论性探讨，目前还未见有关这方面的理论计算。

4.7.2　掺加SBC后水泥颗粒的相互作用

将不同浓度的SBC掺加到水泥净浆中，测定ζ电位以及吸附层厚度，其结果已经在第4章中进行讨论，空白试样、1%掺量SBC_8、1%SNF的ζ电位分别为+8.9mV、−31mV和−32mV，掺加SBC_8的水泥吸附层厚度3.72nm，掺加SNF的吸附层厚度仅为0.83nm，SMHE的吸附层厚度为6.82nm。这些数值将用来计算分散体系中水泥颗粒的受力情况。

（1）颗粒间静电斥力作用。Flatt通过等价二元电解质模型描述了包含有多种不同电解质的水泥悬浮液，评价了三参数Debye—Hückel近似方法对于球形粒子间静电斥力的有效性，其有效范围在水泥悬浮体的离子强度范围之内，因此静电斥力可用如下式表示：

$$F_{ES}=-2\pi\varepsilon\varepsilon_0\bar{a}\Psi^2\frac{\kappa e^{-\kappa h}}{1+e^{-\kappa h}} \quad (4.6)$$

式中：ε为水的相对介电常数，25℃时，取值78.38；ε_0为真空电容率，8.85×10^{-12}F/m；$\varepsilon\cdot\varepsilon_0=6.94\times10^{-10}$F/m；$\bar{a}=2r_1r_2/(r_1+r_2)$，调和平均半径；$\Psi$为动电电位；$\kappa$为Debye－Hückel常数，其倒数为双电层厚度；h为颗粒间的距离；e为电子电荷，1.602×10^{-19}C。

根据Neubauer等的研究，水泥浆体溶液中的离子强度可按下式计算：

$$I_C=\frac{1}{2}(C_{Na^+}+C_{K^+}+4C_{Ca^{2+}}+C_{OH^-}+4C_{SO_4^{2-}}) \tag{4.7}$$

体系中除OH^-以外，其他离子浓度均可以采用ICP方法测得，所以根据水泥浆中离子浓度之间的关系可以计算得到C_{OH^-}。

$$C_{Na^+}+C_{K^+}+2C_{Ca^{2+}}=C_{OH^-}+2C_{SO_4^{2-}} \tag{4.8}$$

κ取决于溶液的离子浓度，可按下式计算：

$$\kappa=\sqrt{\frac{2000F^2}{\varepsilon_0\varepsilon RT}}\sqrt{I_C}=3.288\sqrt{I_C}\ (nm^{-1}) \tag{4.9}$$

式中：F为Faraday常数，其值为$9.648\times10^4 C/mol$；T为绝对温度。

当加入不同种类外加剂时，由于各种外加剂化学组成、取代基种类、取代度和离子种类等均不相同，引入水泥浆中的离子浓度存在差异。对于SBC_8（DS=0.67）而言，电离时主要产生Na^+、$—SO_3^{2-}$两种基团，假如引入的减水剂大分子完全电离，则掺加水泥质量0.5%的SBC_8相当于浓度（以AGU+0.67c[SO_3^{2-}]计）为102.13mmol/L，1%SBC相当于204.26mmol/L。在w/c为0.45的条件下，采用上述ICP检测结果计算SBC不同掺量时的双电层厚度如表4.9所示。

表4.9　掺加SBC后体系中离子强度以及双电层厚度计算

项目	SBC浓度（水泥质量分数折合成减水剂浓度）		
	0	0.5（102.13mmol/L）	1.0（204.26mmol/L）
K^+	119.60	119.60	119.60
SO_3^{2-}	—	102.13	204.26
Na^+	27.12	129.25	241.38
Ca^{2+}	22.28	22.28	22.28
SO_4^{2-}	50.34	50.34	50.34
Si^{4+}	0.4	0.4	0.4
Mg^{2+}	0.02	0.02	0.02
OH^-	93.30	93.30	93.30
Al^{3+}	0.09	0.09	0.09

续表

项目	SBC浓度（水泥质量分数折合成减水剂浓度）		
	0	0.5（102.13mmol/L）	1.0（204.26mmol/L）
I_c	268.90	306.39	473.16
κ/nm^{-1}	1.704	1.820	2.262
κ^{-1}/nm	0.587	0.550	0.442

从表4.9可见，随着减水剂浓度提高，体系中离子强度增加，导致双电层被进一步压缩，这与测定的水泥颗粒ζ电位值随减水剂的加入而提高的结果一致。

计算这种静电斥力的关键问题是水泥颗粒表面势能Ψ的测定，由于Ψ是Stern层外界的势能，通常使用实验测定的ζ电位值替代，而ζ电位是比Stern 层稍远的一个剪切面上的电势，这样会导致静电斥力的估算值偏低，但多数情况下这一近似值是适用的。水泥颗粒表面势能Ψ与测定的ζ电位之间的关系可见图4.32。

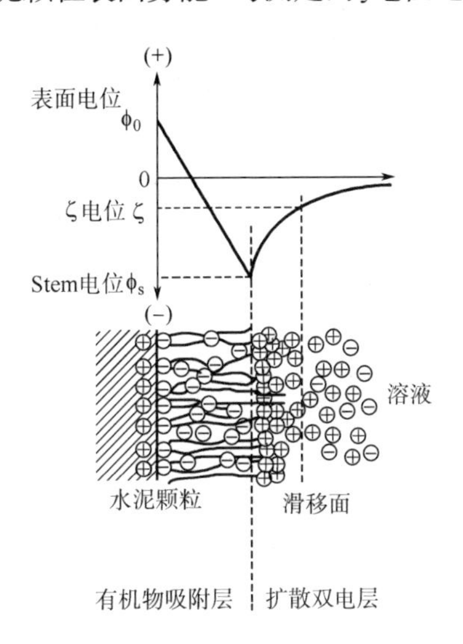

图4.32　水泥颗粒吸附有机外加剂后双电层及电位变化示意图

当水泥颗粒表面有厚度为δ的吸附层时，静电作用力公式可以改写成式（4.10）形式。

$$F_{\mathrm{ES}}=-2\pi\varepsilon\varepsilon_0\overline{a}\Psi^2\frac{\kappa \mathrm{e}^{-\kappa(h-2\delta)}}{1+\mathrm{e}^{-\kappa(h-2\delta)}} \tag{4.10}$$

假设两个水泥颗粒半径分别为10 μm和30 μm，可以通过式（4.9）和式（4.10）计算两者之间吸附减水剂SBC_8前后的静电斥力，结果如表4.10所示。

表4.10 静电斥力的计算（r_1=10 μm，r_2=30 μm，a=1.33×10^{-5}m）

粒子间距/nm	静电斥力/N	
	无外加剂	SBC_8（吸附层3.72nm）
1	1.204×10^{-9}	1.51×10^{-7}
2	7.527×10^{-11}	1.51×10^{-7}
3	4.685×10^{-11}	1.51×10^{-7}
5	1.560×10^{-12}	1.5×10^{-7}
6	2.777×10^{-14}	1.476×10^{-7}
7	5.166×10^{-14}	7.976×10^{-8}
7.44	2.441×10^{-14}	7.529×10^{-8}
10	3.112×10^{-16}	1.486×10^{-10}
20	1.238×10^{-20}	2.714×10^{-22}
30	4.924×10^{-29}	4.95×10^{-34}
50	7.791×10^{-46}	1.647×10^{-57}

（2）范德瓦耳斯引力作用。对于水泥悬浮液的尺寸范围，Flatt采用下式表达范德瓦耳斯吸引力：

$$F_a=-\frac{A}{6}\left(\frac{-\overline{a}}{2h^2}+\frac{-1}{2\overline{a}}+\frac{1}{h}\right) \tag{4.11}$$

式中：h为颗粒间距；A为Hamaker常数。

当颗粒间距$h\ll\overline{a}$时，上式可简化为：

$$F_a\approx A\frac{\overline{a}}{12h^2} \tag{4.12}$$

Sakai等采用水泥组分的Hamaker常数A为4.55×10^{-20}J，Yang在计算水泥粒子间范德瓦耳斯作用力时A取2.33×10^{-20}J。当水泥颗粒吸附有机高分子，覆盖有机高分子的水泥颗粒的Hamaker常数应该会变小，水泥颗粒之间的范德瓦耳斯引力减小。

对半径分别为10 μm和30 μm的水泥颗粒，在水中受到的范德瓦耳斯引力可采用式（4.12）计算。考虑吸附层厚度对范德瓦耳斯引力影响时，可将式中h用（$h+2\delta$）代替进行计算。计算结果见表4.11和图4.33。可见，吸附层的存在会降低颗粒间范德瓦耳斯引力。

表4.11　掺加SBC_8的范德瓦耳斯引力

（吸附层厚度为3.72nm，A取4.55×10^{-20}J，$a=1.33\times10^{-5}$m）

h/nm	无外加剂/N	SBC/N
1	5.04×10^{-8}	2.262×10^{-9}
2	1.26×10^{-8}	1.540×10^{-9}
3	5.60×10^{-9}	1.116×10^{-9}
5	2.02×10^{-9}	6.628×10^{-10}
6	1.401×10^{-9}	5.335×10^{-10}
7	1.029×10^{-9}	4.386×10^{-10}
7.44	9.110×10^{-10}	4.046×10^{-10}
10	5.04×10^{-10}	2.677×10^{-10}
20	1.26×10^{-10}	8.958×10^{-11}
30	5.60×10^{-11}	4.433×10^{-11}
50	2.017×10^{-11}	1.746×10^{-11}

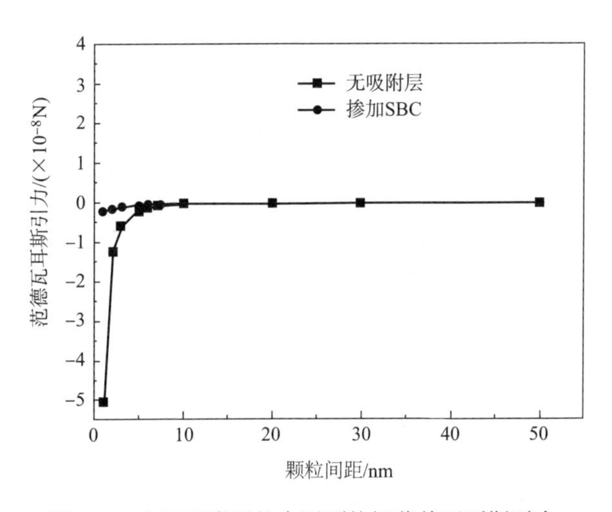

图4.33　有无吸附层的水泥颗粒间范德瓦耳斯引力

（3）空间位阻作用

水泥颗粒吸附减水剂以后，在水泥颗粒表面形成一定厚度的吸附层，当吸附层相互接触开始重叠时，吸附层之间相互压缩，产生位阻作用，压缩程度越大，这种位阻作用力变得越明显，位阻作用的这种增长取决于聚合物的吸附方式（构象）。Pedersen及Bergstrom认为，以蘑菇状的形态被吸附的聚丙烯酸，可以采用De Gennes的标度理论来计算位阻作用力，如式（4.13）所示。

$$F_S=\overline{a}\frac{6\pi k_B T}{s^2}[(\frac{2L}{h})^{5/3}-1] \tag{4.13}$$

式中：s为两个相邻聚合物粒子质心之间的距离，其值可由吸附实验测定的吸附层厚度代替；L为伸入溶剂中的最大长度。对SBC而言，其分子结构上存在—$CH_2CH_2CH_2CH_2SO_3Na$基团，并且分布不均匀，吸附在水泥颗粒表面，形成不同的形态，分子链在水泥颗粒上可形成环状结构，L值采用测定的吸附层厚度。因此对于SBC，可设s=L=3.72nm，以计算空间位阻作用力。

设两个水泥粒子半径分别为10 μm和30 μm的，其调和平均半径为13.3×10^{-6}m，温度为293K时，$k_B T$值为4.12×10^{-21}J，水泥颗粒吸附减水剂后表面形成一定厚度的吸附层，在不同颗粒间距的颗粒间空间位阻作用力见表4.12。由表4.12可见，随着颗粒间距的减小，颗粒表面的吸附层相互压缩程度的提高，颗粒间产生的位阻作用越强烈。

表4.12　空间位阻作用力

颗粒间距/nm	空间位阻作用力（F_S）/N
1	2.041×10^{-6}
2	5.917×10^{-7}
3	2.644×10^{-7}
5	7.008×10^{-8}
6	3.217×10^{-8}
7	2.994×10^{-8}
7.44	0

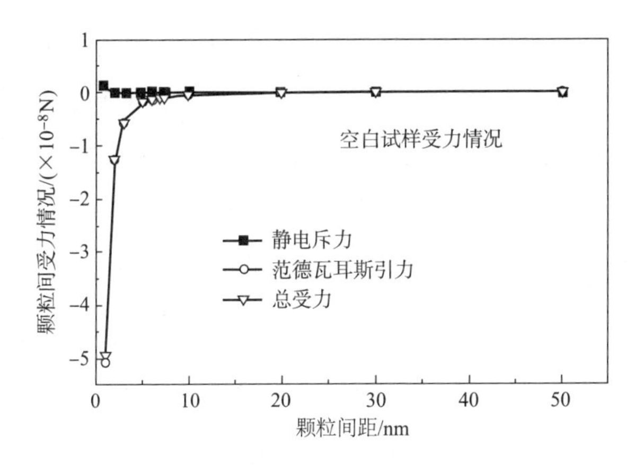

图4.34　空白试样中水泥颗粒间作用力

（4）掺加SBC后水泥颗粒总受力

无吸附层时水泥颗粒间作用力情况如图4.34所示。水泥颗粒在该条件下，不考虑重力的影响，由于没有吸附层存在，主要受静电斥力和范德瓦耳斯引力作用，前者较小，所以总的作用力为负值，即说明在水中分散的水泥颗粒之间是以范德瓦耳斯引力为主，颗粒间会发生自动聚集。

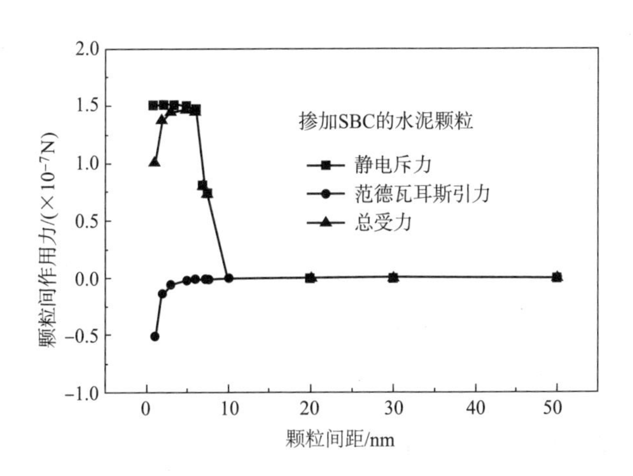

图4.35　不考虑空间位阻作用的水泥颗粒间作用力（掺加SBC）

图4.35是掺加SBC后不考虑空间位阻作用的水泥颗粒间作用力。从图4.35可知，当不考虑空间位阻作用时，可认为水泥分散体系中颗粒间作用依然是范德瓦耳斯引力和静电斥力，但是由于水泥颗粒吸附了SBC产生一定厚度的吸附

层，削弱了范德瓦耳斯引力作用，在颗粒间距为1～10nm范围内，体系中作用力以静电斥力为主导；当颗粒间距超过10nm，则是范德瓦耳斯引力占据主要地位。说明水泥颗粒吸附SBC后，水泥颗粒的分散主要依赖于静电斥力作用。

图4.36是考虑空间位阻作用时，水泥颗粒间相互作用情况。当水泥颗粒相互靠近到吸附层能够接触时（2倍的吸附层厚度，即7.44nm），吸附层开始相互压缩，此时产生的作用力远远大于水泥颗粒间的静电斥力，越靠近相互作用越强烈，此时可以认为空间位阻作用力占主导地位。

通过以上分析可知，水泥颗粒表面吸附SBC形成3.72nm的吸附层，减弱了颗粒间范德瓦耳斯引力作用，在水泥颗粒间距为0～7.44nm时，主要是空间位阻作用起对水泥颗粒的分散作用，而在7.44～10nm范围时，是静电斥力发挥主要分散作用，超出10nm则是以范德瓦耳斯引力作用为主，颗粒会相互聚集。

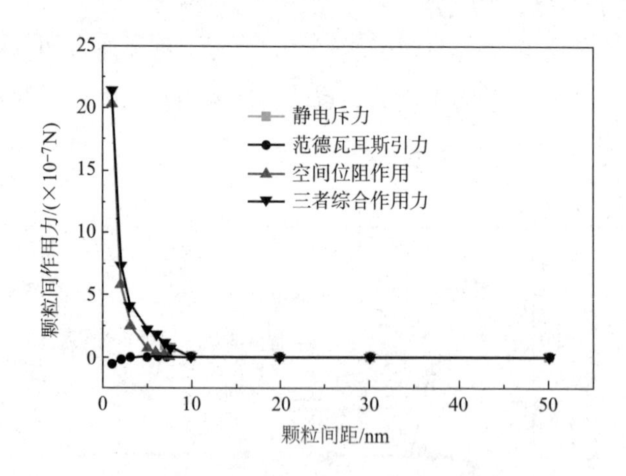

图4.36　掺加SBC的水泥颗粒受力

4.7.3　SBC减水分散机理

新拌水泥体系中掺入减水剂后，减水剂分子定向吸附在水泥颗粒表面，部分极性基团指向液相。由于亲水极性基团的电离，使水泥颗粒表面带上电性相同的电荷，并且电荷量随减水剂浓度增大而增大，直至饱和，水泥颗粒之间产生静电斥力，使水泥颗粒絮凝结构解体，颗粒相互分散，释放出包裹于絮团中的自由水，从而有效地增大拌和物的流动性。SBC与SNF均为离子型高效减水剂，从水泥净浆实验结果可知，在掺加相同浓度减水剂的情况下，其水泥分散体系的ζ电位绝对值较空白样有较大增长，SBC在水泥颗粒上的吸附量小于SNF，掺加SBC的水泥分散体系的ζ电位绝对值也小于相同掺量SNF的水泥体系，即掺加SBC的水泥颗粒间的静电斥力小于掺加SNF的静电斥力，但SBC对水泥粒子的分散能力及保持分散能力均优于SNF，这说明单纯的静电斥力理论难以解释SBC的分散作用机理。

经过计算掺加SBC的水泥—水分散体系中水泥颗粒间的作用力，不难发现，SBC的掺加导致体系中水泥颗粒间作用力发生很大改变，一方面使颗粒间静电斥力提高，另一方面由于吸附在水泥颗粒表面的SBC形成3.72nm的吸附层，产生强烈的空间位阻作用，而且空间位阻作用力在一定范围内起主导作用，这说明SBC主要依赖空间位阻作用来实现水泥颗粒间的分散，同时静电斥力也是其分散减水作用不可缺少的。即是以空间位阻作用为主导的、与静电斥力作用的协同作用的结果。

尽管无法通过计算来验证SBC在水泥颗粒表面形成的水化膜对水泥颗粒分散作用，但是由于SBC分子结构中含有大量的磺酸基、羟基、醚基等强亲水性基团，能与水形成氢键，使亲水性更强，因此当水泥颗粒吸附减水剂SBC后，其表面会形成水化膜，这层溶剂化水化膜具有一定机械强度，它的存在有利于破坏水泥颗粒絮凝结构，增大水泥颗粒之间的距离，阻止水泥颗粒间发生絮凝，水化膜还能够使水泥颗粒之间相对运动变得容易，起到润滑作用。

4.8　本章小结

（1）通过对SBC在水泥净浆中应用性能研究表明，不同分子结构的SBC提高水泥净浆流动度的能力不同。分子量在20000～30000范围内的SBC，减水分散效果随取代度增加和分子量降低而增加；分子量高、取代度较低的SBC_6净浆流动度较低，但是净浆流动度保持性优异；分子量低、取代度高SBC_7、SBC_8的效果可达到SNF高效减水剂的水平，并且流动度保持性优于SNF减水剂。SMHE、SHEC同样具有减水分散能力，且流动度保持性良好，但掺量不宜过高，否则导致净浆泌水严重。

（2）SBC在水泥颗粒表面的吸附能够明显提高水泥颗粒ζ电位（绝对值），说明静电斥力是其对水泥颗粒分散作用的部分来源，而且ζ电位保持时间较长，更有利于减水分散性能的长时间保持；SMHE、SHEC也能提高ζ电位，并且较长时间内保持较高的电位值。

（3）水化热测定结果、DSC测试、X射线衍射分析等表明，SBC有延缓水泥水化的效果，早期能生成较多的AFt相，而水化后期放热量有所提高，不影响水泥强度的发展；SEM结果同样支持上述结论，并且能直观反映出后期水泥硬化体结构更加紧凑。

（4）测试SBC在水泥表面吸附量的结果说明，SBC在水泥颗粒表面吸附符合Langmuir型等温吸附。不同取代度的SBC极限吸附量不同，SBC_6、SBC_7和SBC_8的极限吸附量分别为5.33mg/g 、5.49mg/g和4.66mg/g。水泥颗粒对SNF和SMHE的吸附同样属于Langmuir型等温吸附，前者极限吸附量为11.23mg/g，后者的极限吸附量是9.73mg/g。

（5）采用变角XPS光电子能谱表面分析和Ar离子刻蚀XPS深度剖析的方法测试了几种减水剂在水泥颗粒表面的吸附层厚度，结果表明，SNF吸附层厚度是0.82nm，SBC的吸附层厚度是3.72nm，约是SNF的4.5倍，SMHE的吸附层厚度是6.82nm，约是SNF的8.3倍。XPS光电子能谱分析结果证明，SNF、SBC、SMHE三种减水剂在水泥颗粒上均形成化学吸附。

（6）结合ζ电位、吸附层厚度的测试结果，利用经验公式计算出掺加SBC的水泥颗粒之间范德瓦耳斯引力、静电斥力和空间位阻作用力，结果表明，在水泥颗粒相互靠近的一定范围内（0～7.44nm），空间位阻作用力远大于静电斥力和范德瓦耳斯引力，起主导作用；当颗粒间距超出吸附层厚度一定范围（7.44～10nm），静电斥力将扮演重要角色；说明SBC对水泥的减水分散作用主要依赖于空间位阻作用，静电斥力起到辅助作用。

（7）利用经验公式计算掺加减水剂SBC后双电层厚度变化情况，双电层厚度由空白试样的0.587nm减小到掺加0.5%减水剂SBC时的0.550nm，SBC掺量达1%时，双电层厚度进一步降低到0.442nm，相应的水泥颗粒表面ζ电位由+8.9mV变为-31mV。

（8）SBC分子结构中含有大量的磺酸基、羟基、醚基等强亲水性基团，能与水形成氢键，亲水性更强，因此水泥颗粒吸附减水剂SBC后，水泥颗粒表面会形成水化膜，这层溶剂化水化膜具有一定机械强度，它的存在有利于破坏水泥颗粒絮凝结构，增大水泥颗粒之间的距离，阻止水泥颗粒间发生絮凝，水化膜还能够使水泥颗粒之间相对运动变得容易，起到润滑作用。

第5章　减水剂饱和掺量的确定及减水因子

5.1　减水剂饱和掺量

5.1.1　概述

众所周知，减水剂对新拌混凝土的流变性能有显著的影响。混凝土中的减水剂掺量存在饱和点现象，即随减水剂掺量的增大，水泥浆的流动度开始时逐渐增大，当达到一定掺量后，水泥浆流动性不再随减水剂的掺量增大而增大，这一掺量点称为“饱和点”。减水剂掺量不足时，混凝土的流动性能达不到要求；掺量过大时，又会导致混凝土出现离析、泌水、板结等不良现象。因此徐永模等采用砂浆坍落扩展度的方法研究减水剂对水泥净浆砂浆流动性及稳定性的影响，同时比较明确地界定出减水剂在水泥混合物中饱和掺量和最佳掺量的概念。认为饱和掺量为减水剂针对某种水泥所特有的性质，即当水泥化学成分一定，减水剂确定，则其饱和掺量是固定的、特有的、唯一的。而最佳掺量则是人为界定的概念，比如不同的条件下为得到某种特定流动性的砂浆或混凝土，可以通过调整水的用量，或者调整减水剂用量以达到预先设定的要求，这是以人的主观意愿，为了满足实际工作需要设定的。最佳掺量和饱和掺量有一定内在关系，但两者存在本质上的差别，饱和掺量能够反映减水剂本身与水泥之间作用的关系。

饱和掺量对水泥净浆、砂浆、混凝土的流动性、稳定性都有重要影响。当前测试减水剂与水泥相容性和饱和掺量主要有水泥净浆流动度实验、砂浆流动度实验、黏度计法以及Marsh 筒法等。Marsh筒法反映的是浆体的表观黏度，水泥净浆流动度实验、砂浆流动度实验反映的是浆体的屈服应力。传统的坍落度和流动度方法在评价水泥基复合材料以及减水剂性能方面得到较多应用，但同时存在一定的问题。如净浆流动度法中对玻璃板及圆锥模的润湿、实验时人工抽圆锥模、30s时测定浆体的垂直方向的扩展直径，浆体还在轻微扩展等情况，会使得人为的误差较大，造成系统误差偏大，因此有人认为净浆流动度法不如Marsh筒法操作性强。法国和加拿大的学者提出采用马氏漏斗（Marsh Cone）的方法研究减水剂掺量与砂浆、净浆流出时间的关系，有研究人员认为，采用Marsh筒法能较好地表征减水剂与水泥的相容性，更简便地寻求饱和掺量等。但是Marsh漏斗方法是利用掺量—流出时间曲线上的拐点作为减水剂的饱和掺量点，如果所得曲线比较平滑，此时寻找拐点将是困难的工作。即使采用对曲线作切线的方法能确定拐点，确定切线却不可避免地带有任意性。这些确定减水剂饱和掺量的方法普遍存在的缺陷是需要较多的水泥和减水剂，需反复的实验，最终通过对流动度、扩展度、黏度变化及流出时间等与掺量关系曲线进行分析，结合实验现象探讨饱和掺量以及相容性，这往往受人为因素干扰，且工作量大，实验可重复性存在问题。因此有必要研究确定减水剂饱和掺量的新方法。

王立久等已经证实，水泥絮凝颗粒的粒度分布具有很好的自相似特征，属于典型的三维无规分形结构。所谓分形就是对高度不规则集合形状的一种数学描述。水泥絮凝颗粒粒度分布复杂、不规则，用欧氏几何的语言是无法描述的，而结合分形理论恰好解决了这一难题，用分形维数作为水泥絮凝颗粒粒度分布的定量分析评价指标是可行的。目前采用分形方法研究污水处理较为普遍，王圃等在研究絮凝剂投药量对微污染水絮凝体分形维数影响时发现，可以通过分形维数的变化确定絮凝剂最佳投加量。现在已经实现基于分形维数自动控制絮凝剂投药量来处理污水。对于掺加减水剂的水泥悬浮体系，减水剂掺量与水泥絮凝体分形维数的关系目前尚未见文献报道。

本文采用激光颗粒分布测量仪定性地研究不同减水剂与水泥作用效果，比较不同减水剂对水泥颗粒分散作用的优劣，在此基础上通过研究分形维数的变化规律，从微观角度寻求减水剂在水泥体系中的饱和掺量。

5.1.2 理论方法

按照分形的定义，物体的质量M与其微观特征长度R之间的关系可表示如下：

$$M(R)\propto R^{D_f} \tag{5.1}$$

式中：D_f为分形维数。

由于水中的絮体极易破碎，直接测量其质量和特征长度然后通过式（5.1）来计算分形维数的方法不易实现。目前计算分形维数的方法有图像法、粒径分布法、沉降法以及光散射法等。

本试验采用唐明提出的分形计算模型：

$$y_m(x)\propto x^{3-D_f} \tag{5.2}$$

式中：x为粒径尺寸；$y_m(x)$为粒径小于x的颗粒总质量/系统颗粒总质量，即累积质量分布；D_f为粒度分布的分形维数。

通过对式（5.2）取对数并且进行线性回归，王立久等验证了水泥颗粒在水中絮凝$\ln[y_m(x)]$与$\ln x$有很好的线性相关性，说明水泥絮凝颗粒的分布属于分形，因此可用该直线的斜率K求出在此条件下徐凝颗粒的分形维数D_f。分形维数D_f可通过下式求得：

$$D_f=3-K \tag{5.3}$$

5.1.3 水泥絮凝颗粒分形维数

表5.1 ~ 表5.4是分别掺加高效减水剂SNF、ML、PC及SBC后水泥颗粒分形维数与一元线性回归模型。可见，无论是哪种减水剂掺加到水泥拌和水中，$\ln[y_m(x)]$与$\ln x$均具有良好的线性相关性。水泥与水拌和后会形成絮凝体，在掺加减水剂情况下，暂时改变了絮凝体的大小，初始阶段由于减水剂的分散作

用，使絮凝体变小，但最终依然会出现絮凝体的增长，水泥颗粒的分散和絮凝均是随机过程，具有非线性的特征，分散的絮凝体抑或逐步形成的絮体在有限范围内都具有自相似性和标度不变性，因此同样具有典型的分形特征，依然属于分形。

表5.1 掺加SNF减水剂水泥颗粒分形维数与一元线性回归模型

SNF份数	一元线性回归方程	R^2	K	D（3–K）
0	y=0.9501x+0.7218	0.9325	0.9501	2.0499
0.2	y=0.9445x+0.3425	0.9229	0.9445	2.0555
0.3	y=0.9227x+0.4084	0.9296	0.9227	2.0773
0.4	y=0.8614x+0.7081	0.9245	0.8614	2.1386
0.5	y=0.8761x+0.6203	0.9291	0.8761	2.1239
0.6	y=0.8571x+0.731	0.9237	0.8571	2.1429
0.7	y=0.6765x+1.382	0.9571	0.6765	2.3235
0.86	y=0.6709x+1.4218	0.9549	0.6709	2.3291
1	y=0.7134x+1.2872	0.9438	0.7134	2.2866
1.5	y=0.6381x+1.4966	0.9662	0.6381	2.3619
2	y=0.6701x+1.45	0.9507	0.6701	2.3299

表5.2 掺加ML减水剂水泥颗粒分形维数与一元线性回归模型

ML份数	一元线性回归方程	R^2	K	D
0	y=0.9501x+0.7218	0.9325	0.9501	2.0499
0.5	y=0.9507x+0.2694	0.9319	0.9507	2.0493
0.6	y=0.8734x+0.6224	0.9313	0.8734	2.1266
0.7	y=0.8922x+0.5863	0.9209	0.8922	2.1078
0.8	y=0.6756x+1.7703	0.8273	0.6756	2.3244
0.89	y=0.8872x+0.5834	0.9264	0.8872	2.1128
1	y=0.8926x+0.563	0.9256	0.8926	2.1074
1.5	y=0.7081x+1.439	0.9121	0.7081	2.2919
2	y=0.8326x+0.8271	0.9268	0.8326	2.1674

表5.3 掺加PC减水剂水泥颗粒分形维数与一元线性回归模型

PC份数	一元线性回归方程	R^2	K	D
0	$y=0.9501x+0.7218$	0.9325	0.9501	2.0499
0.1	$y=0.9595x+0.6108$	0.9624	0.9595	2.0405
0.2	$y=0.8227x+1.1524$	0.9559	0.8227	2.1773
0.3	$y=0.7571x+0.9739$	0.9448	0.7571	2.2429
0.4	$y=0.9660x+0.8372$	0.9661	0.966	2.0340
0.5	$y=1.2075x-0.4301$	0.9724	1.2075	1.7925
0.6	$y=1.2490x-1.6398$	0.9673	1.249	1.7510
0.8	$y=1.2294x-0.2372$	0.973	1.2294	1.7706
1	$y=0.9378x+0.3265$	0.9321	1.0807	1.9193

表5.4 掺加SBC水泥颗粒分形维数与一元线性回归模型

SBC掺量	一元线性回归方程	R^2	K	D
0	$y=0.9501x+0.7218$	0.9325	0.9501	2.0499
0.2	$y=1.0836x+0.2318$	0.9663	1.0836	1.9164
0.4	$y=1.0739x+0.2596$	0.9673	1.0739	1.9261
0.6	$y=1.0548x+0.3487$	0.9661	1.0548	1.9452
0.7	$y=1.0381x+0.4209$	0.9655	1.0381	1.9619
0.8	$y=1.0018x+0.5213$	0.9616	1.0018	1.9982
0.9	$y=0.892x+0.9777$	0.9672	0.8920	2.108
1.0	$y=0.8565x+1.145$	0.9559	0.8565	2.1435
1.1	$y=0.912x+0.9968$	0.9554	0.9120	2.088
1.2	$y=1.1141x+0.1018$	0.9672	1.1141	1.8859

（1）分形维数与减水剂掺量的关系

一般认为，分形维数不同反映了絮凝体结构所具有的开放程度不同，应用分形维数可以对不同条件下形成的絮体结构进行更为准确的数学描述，分形维数越大，絮凝体越密实。在研究絮凝体与分形维数关系时，发现不同絮凝体尺寸—密度函数存在一个转变点，说明由较小的颗粒形成的絮凝体比由较大的颗粒形成的絮凝体更加密实。絮团结构和密实程度受孔隙度影响，如未掺加减水剂的水泥絮凝体中包含较多的自由水，孔隙度增加；随减水剂浓度的提高，水泥颗粒之间相互分散，絮凝体由相对较小的水泥颗粒组成，孔隙度减小。不同絮团的形成往往伴随絮凝体分形维数的变化，这是采用分形维数测定减水剂饱和掺量的可行性所在。

将几种不同减水剂的掺量与水泥颗粒絮凝体分形维数之间关系作曲线如图5.1所示。从图5.1～图5.3可见，随着各种减水剂份数的增加，$\ln[y_m(x)]$与$\ln x$之间保持相当高精度的线性关系，而且一元线性回归方程的斜率K随减水剂份数的变化出现规律性变化。从图5.1可见，对于SNF和ML两种减水剂，当掺加份数达到一定值时，分形维数D_f出现突然增加，然后D_f值又减小，最后D_f随着减水剂份数的增加又出现缓慢增加，如SNF在掺量为0.7%～0.8%，而ML在掺量0.8%～0.9%时相对应的D_f均出现增加。但是PC减水剂的情况比较特殊，在0.2%～0.3%范围内即出现增加，随即出现降低，然后一直保持较低的D_f值。这种现象的出现，说明减水剂的掺加影响了水泥颗粒的分散效果，水泥絮凝颗粒密实程度发生变化，导致分形维数出现变化。由于减水剂属于表面活性剂，不同种类的减水剂减水分散机理不同，如SNF、ML等主要依赖于水泥吸附减水剂后产生的静电斥力，减水剂分子吸附在水泥颗粒表面，产生较强的静电斥力，使水泥颗粒之间相互排斥，破坏了絮凝结构；而PC具有相对两者较弱的静电斥力，但是由于具有较强的空间位阻作用，增强了其减水分散性能。分形维数突变说明形成水泥絮凝体水泥颗粒表面对减水剂吸附的状态发生改变，或者说验证了水泥颗粒对减水剂吸附存在饱和掺量的问题。在实验所测范围内，SNF掺量在0.7%～0.8%时分形维数最大，ML掺量在0.8%～0.9%时分形维数最大，PC掺量在0.2%～0.3%时分形维数即达到最大，SBC掺量在0.9%～1%范围分形维数达最大。

为了验证掺加减水剂的水泥悬浮体系水泥絮凝体分形维数的变化与减水剂饱和掺量之间的关系，还需要比较准确地测定各种减水剂在相同水泥中的饱和掺量。尽管水泥净浆流动度方法在寻找减水剂饱和掺量点并不是非常明确（由

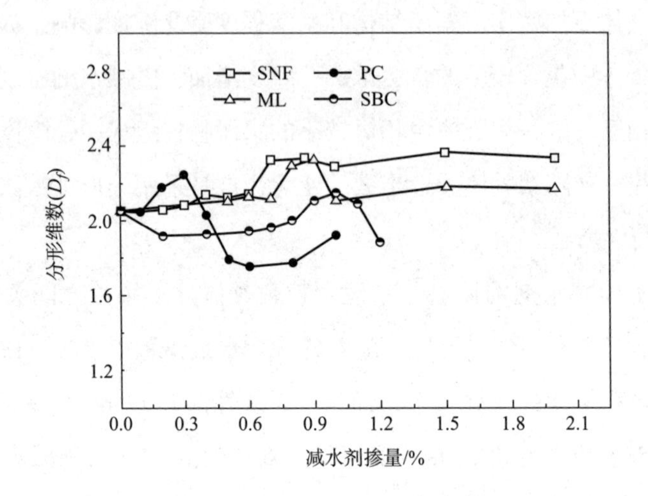

图5.1　水泥絮凝体分形维数与减水剂掺量的关系

于净浆流动度往往随着减水剂掺量的增加而增加，超过饱和掺量时净浆产生的泌水携带水泥颗粒导致流动度继续增加），但采用多次重复试验还是可以相对准确地确定饱和掺量，因此仍具有一定的参考价值。为比较准确地确定各种减水剂的饱和掺量，各减水剂在相同的掺量下重复3次流动度测试，取其平均值作为该掺量下净浆流动度，以消除人为误差影响，结果如图5.2所示。结果发

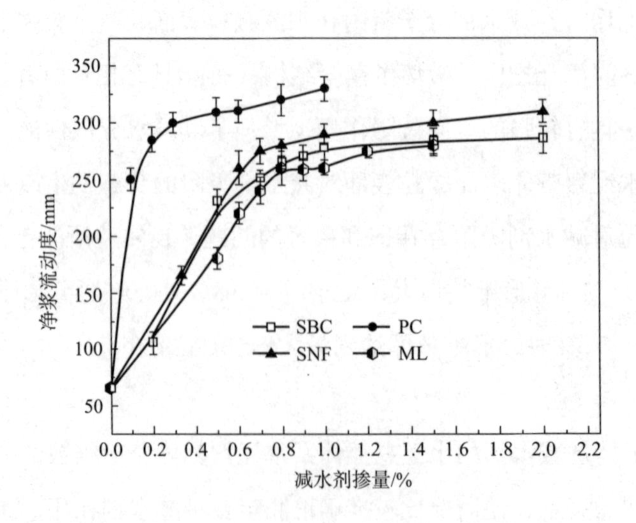

图5.2　掺加不同减水剂净浆流动度与掺量关系

现，四种减水剂净浆流动度随减水剂掺量变化情况与分形维数随减水剂掺量变化情况吻合，因此采用分形维数方法来确定饱和掺量是可行的。

（2）饱和掺量下水泥颗粒粒径分布

对掺加减水剂的水泥颗粒粒径进行分析，不仅可用来测定减水剂在水泥中的饱和掺量，也可以表征减水剂对水泥分散的效果。为比较几种减水剂对水泥颗粒的分散效果，测定了4种减水剂在各自饱和掺量下的粒径分布，如图5.3和图5.4所示。图5.3是掺加减水剂水泥颗粒质量分布频度，图5.4是掺加减水剂水泥颗粒粒径累计分布。从中不难看出，在测试的PC、SNF、SBC和ML等4种减水剂中，高效减水剂PC对水泥颗粒的分散效果最好，其最几积粒径是28 μm，在几种减水剂中出现频度最高，达5%以上；SBC和SNF对水泥分散效果相近，前者略优于后者，最可几粒径均为28 μm，分布频度在4%～5%之间；ML的分散效果相对较差，最可几粒径较大，为38 μm，分布频度也较低，为3%左右。减水分散效果由大到小的顺序是：PC>SBC～SNF>ML。该方法可以定性地表征减水剂对水泥颗粒分散效果，比较简便，易于操作。

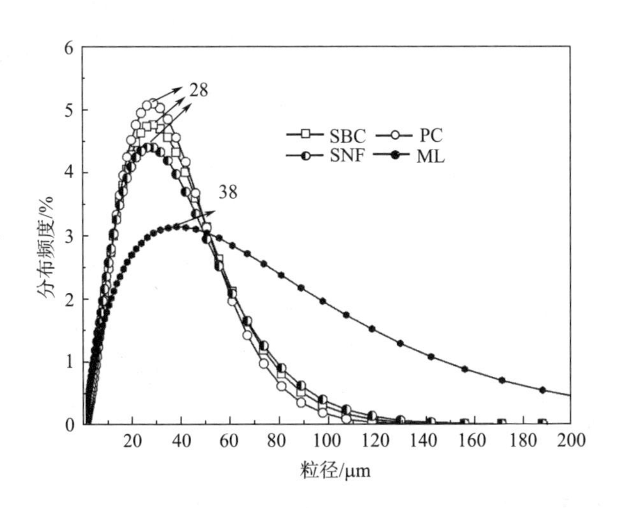

图5.3　掺加不同减水剂的水泥颗粒质量分布

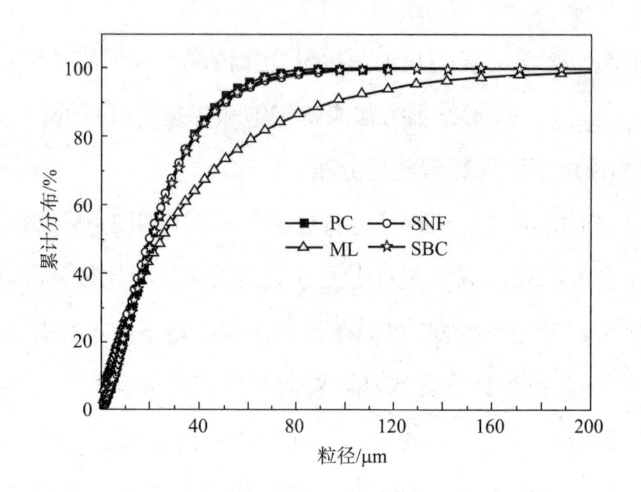

图5.4 掺加减水剂水泥颗粒粒径累计分布

5.2 减水因子的研究

当前，混凝土施工大多采用商品混凝土。为了满足其工作性，一般都要加入减水剂，特别是高性能混凝土，高效减水剂更是其实现高性能化的主要技术措施之一。混凝土拌和物掺入减水剂后，可提高拌和物的流动性，减轻拌和物的泌水离析现象，延缓拌和物凝结时间，减缓水泥水化热放热速率，显著提高混凝土强度、抗渗性和抗冻性。然而过去减水剂的加入主要是考虑减水率，而单位用水量也只是简单地在初步计算配合比的基础上再考虑减水率来确定。因此产生一系列问题，比如水泥适应性、混凝土体积稳定性以及减水剂最佳用量等。

为此，综合考虑减水剂减水率、混凝土用水量和水泥自身絮凝特性，通过理论推导提出混凝土减水剂分散因子概念，一改以往确定单位用水量理念，完善混凝土配合比相关理论。

5.2.1 物理模型

（1）模型的提出

水泥遇水后将发生絮凝现象，部分拌和用水被包裹于絮团中，混凝土拌和

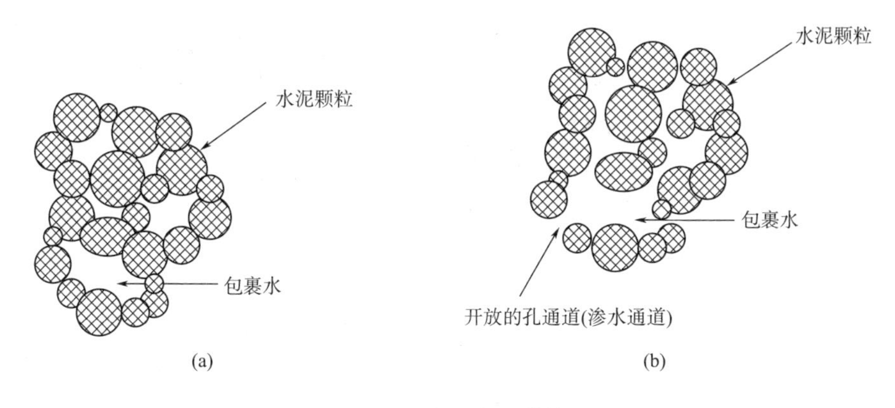

图5.5　水泥絮凝结构

物流动性降低。水泥与水拌和产生絮凝结构（图5.5），其形成原因较多：水泥矿物（C_3A、C_4AF、C_3S、C_2S等）在水化过程中所带电荷不同，产生异性电荷相吸而导致；或者水泥颗粒在溶液中的运动，某些边、棱角处互相碰撞，相互吸引而形成；粒子间的范德瓦耳斯引力作用以及初期水解水化反应等均会引起絮凝结构的产生。施工中为了保持所需的和易性，就必须相应增加拌和水量，但是用水量的增加会导致水泥结构中形成过多的孔隙，最终将影响硬化混凝土的物理力学性能。如能将这些多余的水分释放出来，混凝土的拌和用水量可大大减少，适量减水剂的掺入能很好地起到这样的作用。减水剂的作用之一就是将这些包裹水分离出来，以提高混凝土的工作性。减水剂分散机理如图5.6所示，就是利用减水剂这种表面活性剂的某些基团定向地指向水泥颗粒，使水泥颗粒表面有相同电荷，产生电性斥力，该斥力作用远大于颗粒间分子引力而使水泥颗粒所形成的絮凝结构被分散，其间的包裹水也被释放出来，形成减水并增加拌和物的流动性。同时也由于减水剂的加入在水泥表面形成溶剂化水膜，起到润滑作用，客观上也改善拌和物的工作性。另外，由于水泥颗粒被分散，增大了水泥颗粒的水化表面而使其水化更充分，也使混凝土强度显著提高。

图5.7是减水剂分散水泥颗粒简化模型示意图。此处将某一水泥水化絮凝团简化成当量球状体，设其当量直径为D_{0i}，则其体积为$\pi D_{0i}^3/6$，而加入减水剂后这一絮凝团将裂解为一定数量的较小絮凝团或者单个的水泥颗粒，并释放出絮

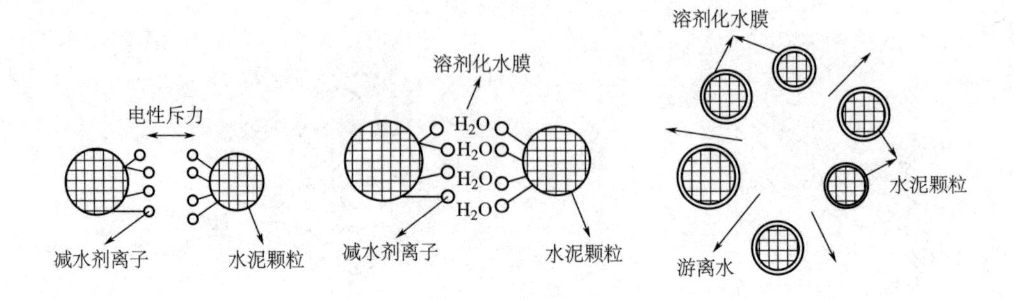

图5.6　减水剂作用机理

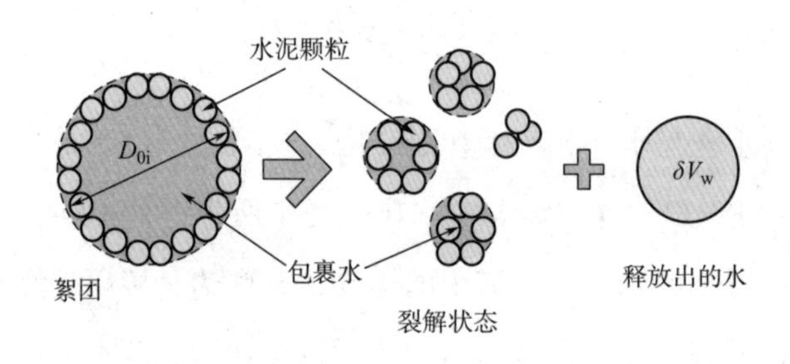

图5.7　减水剂分散机理简化模型

团中的包裹水δV_w。这一裂解形态与减水剂的减水能力有关，现用裂解程度γ来表征。γ的含义是表征减水剂对水泥絮凝颗粒的分散程度。因此，裂解后的水泥絮团体积可记为$(\pi D_{0i}^3/6)\gamma$，则不考虑水泥颗粒对拌和水的渗透影响，掺加减水剂与未掺加减水剂的水泥—水形成的絮凝体积之间存在式（5.4）的关系：

$$\pi D_{0i}^3/6=(\pi D_{0i}^3/6)\gamma+\delta V_w \tag{5.4}$$

如推广到全部絮凝团时，式（5.4）可记为式（5.5）：

$$\sum\pi D_{0i}^3/6=\sum(\pi D_{0i}^3/6)\gamma+\sum\delta V_w \tag{5.5}$$

进一步整理，可得到式（5.6）：

$$1-\gamma=\frac{\sum\delta V_w}{\sum(\pi D_{0i}^3/6)} \tag{5.6}$$

将式（5.6）右端分子和分母同除以V_{w0}：

$$1-\gamma=\frac{\sum\delta V_w/V_{w0}}{\sum(\pi D_{0i}^3/6)/V_{w0}} \tag{5.7}$$

即：

$$1-\gamma=\beta V_{w0}/\sum(\pi D_{0i}^{3}/6) \quad (5.8)$$

式中：V_{w0}为（单位）用水量；β为减水剂减水率，等于$\sum\delta V_{w}/V_{w0}$。

将$\beta V_{w0}/(\sum\pi D_{0i}^{3}/6)$定义为减水剂分散因子，以$L$表示。其意义为：减水体积与初始絮凝团体积之比，此值将趋近于某一定值，该值越大，减水剂的减水能力越强。

（2）模型的转化

很多研究已验证了水泥－水之间絮凝结构的存在，为了说明减水剂对水泥浆絮凝结构的影响，对以上理论模型进行如下转化。

水泥混凝土拌和水有两种作用：一是保证水泥水化过程的进行；一是使新拌水泥浆或混凝土混合物具有足够的流动性，以便于浇捣成型。在目前的工艺条件下，满足后者要求的需水量常大于前者所需的最低需水量，这时多余的水容易伴生离析，削弱集料和水泥浆的黏结强度。在水泥－水分散体系中，其固体粒子的表面都存在一个吸附水和扩散水层。当固相粒子的浓度足够时，它们在分子力的作用下，通过水膜互相联结成为一个凝聚空间结构网。如果水泥—水体系中的水量过少，就不足以在固相粒子表面形成吸附水层。同时也由于缺少水分，粒子也不能在热运动作用下互相碰撞而凝聚，这时水泥浆表现出松散的状态。如果原始加水量过高，则分散的固相粒子所形成的凝聚结构空间网所能占有的体积会小于原始的水泥—水体系所占有的空间，这时会出现水分的分离。对于某一确定的水泥浆来说，应有一个适当的加水范围，在这个范围内，水泥浆能够形成凝聚结构，并且凝聚结构空间网能基本上占满原始的水泥—水体系的空间。

水泥与水接触即有水化反应的发生，其水化进程分为诱导前期、诱导期、加速期、减速期和稳定期。在诱导前期和诱导期水泥保持浆体状态，其后将出现水泥浆硬化现象，两个阶段保持在若干小时范围内，因此测定水泥浆流变性能应在这个时间段内完成。诱导期，也称静止期或潜伏期，该阶段反应速率极其缓慢，大约在水泥水化开始的2～4h内，在此阶段水泥浆体保持塑性。潜伏

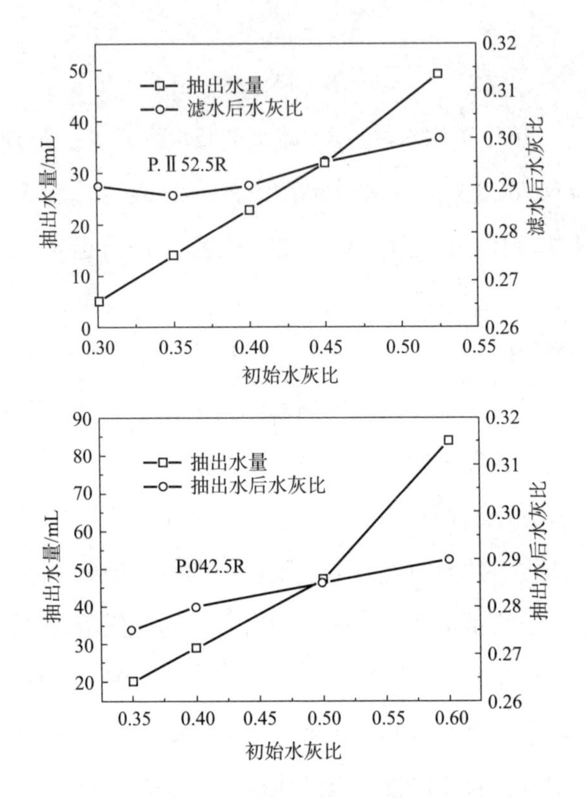

图5.8　不同水灰比下滤水量及滤水后水灰比

期中，恰当制备的水泥浆是一种处在絮凝状态中的颗粒的浓厚悬浮体。絮凝状态应看作整个水泥浆是由一种单一的絮凝结构所组成，这种结构是一种比较均匀的水泥颗粒的网状结构。而且这种絮凝结构可以被表面活性剂，尤其是减水剂或者高效减水剂所改变或破坏。

为研究新拌水泥浆中水的存在状态的差异，将不同水灰比的水泥净浆在真空度为0.1MPa下进行滤水，研究滤水重量随水灰比的变化，以及非可滤水灰比与初始水灰比的关系，结果如图5.8所示。从图5.8可见，对P.Ⅱ52.5R水泥，滤水后水泥浆中水灰比在0.29～0.30之间，而P.042.5R水泥滤水后水泥浆水灰比在0.28～0.29之间。可见，不论是哪种水泥，滤水重量均随初始水灰比增加而增加，滤水后水泥浆中的水灰比趋于恒定值，相当于标准稠度（按国家标准测定）水灰比(K_h)。抽滤完水泥浆中自由水后，得到的水灰比在0.28～0.30之间，说明在水泥—水体系中，除了有自由水存在，还有相当数量的吸附水，属于较强的结合状态，在此真空度下不能被抽滤。

图5.9是水泥—水体系的体积随w/c变化关系。K_h表示标准稠度水灰比，K_m表示水泥浆形成凝聚结构所必须的最小水灰比，K_p表示水泥—水体系的空间形成可逆触变凝聚结构而不产生明显分层时的最大水灰比。标准稠度的水泥浆，是在此水灰比下，水泥浆的固相粒子表面有一个最小的溶剂化层，且在溶剂化的固相粒子之间的空隙也充满水。形成凝聚结构所需的最低水灰比(K_m)，是指此时水泥浆固相粒子的溶剂化程度及其空间排列的情况与标准调度的水泥浆相同，只是在溶剂化固相粒子的空隙中不是完全充满水而是部分地填充空气。当水灰比大于标准稠度水灰比在$K_m \sim K_p$范围内，水泥浆中的溶剂化固相粒子在分子力作用下形成的凝聚结构能够充满水泥—水体系的空间，而不产生明显的分层。当水灰比小于某一数值K_m时，水泥浆呈现松散区，当水灰比大于K_p，则水泥浆产生明显的析水现象，形成沉降区。关于K_m、K_h以及K_p之间的经验关系如下：

$$K_m=0.876K_h$$

$$K_p=1.65K_h$$

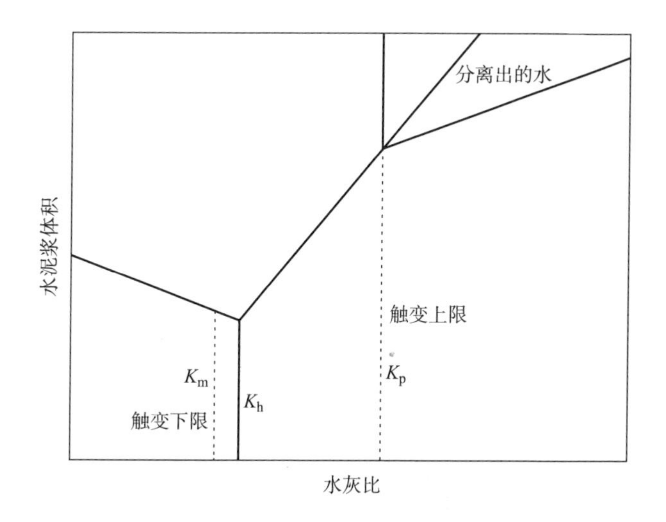

图5.9　水泥—水体系的体积随w/c的变化关系

说明形成凝聚结构的水灰比范围是在$K_m \sim K_p$之间，且主要由水泥特性所决定，因为标准稠度水灰比主要取决于水泥细度、化学组成等。在测试掺加不同种类减水剂时的用水量和减水率问题时，依然以标准稠度为基准。通过以上分析，水灰比为K_h制备的未掺加减水剂水泥浆体体积应为其絮凝体积，可记作式（5.9）：

$$V_{t1}=V_{f1}=V_c+V_w \tag{5.9}$$

式中：V_{t1}为水泥净浆的总体积；V_{f1}为水泥净浆絮凝体积。

式（5.9）右侧第一项V_c代表水泥的体积，第二项V_w代表拌和水的体积。

而掺加减水剂后，只有当减水剂量达到某一掺量才能将所有的水泥絮团完全破坏，也就是在达到某掺量前，水泥浆中依然存在部分的水泥絮凝颗粒。此时水泥浆体积为：

$$V_{t2}=V_{f2}+\delta V_w \tag{5.10}$$

式（5.10）中V_{t2}代表掺加减水剂后水泥净浆体积，V_{f2}代表掺加减水剂后水泥絮凝体积，而δV_w为从水泥絮团中释放出自由水的体积，在相同水灰比下，式（5.9）和式（5.10）应该相等，即：

$V_{t1}=V_{t2}$，于是有：

$$V_c+V_w=V_{f1}=V_{f2}+\delta V_w \tag{5.11}$$

以γ表示加减水剂前后水泥浆的絮凝体积比，则式（5.11）可转换成式（5.12）：

$$(1-\gamma)(V_c+V_w)=(1-\gamma)V_{f1}=\delta V_w \tag{5.12}$$

不难发现，δV_w与减水剂的减水率有关，以β表示减水剂的减水率，则$\delta V_w=\beta V_w$，因此式（5.12）可记为：

$$(1-\gamma)V_{f1}=\beta V_w \tag{5.13}$$

$$1-\gamma=\frac{\beta V_w}{V_{f1}} \tag{5.14}$$

式（5.14）中$\beta V_w / V_{f1}$与前文中得到的$\sum \beta V_{w0} / (\sum \pi D_{0i}^3/6)$含义一致，记为减水因子$L$。通过以上变换，可以标准稠度为依据，测试掺加不同减水剂的水泥浆絮凝体积变化，研究减水因子对水泥净浆扩展度、水化特性、与水泥相容性以及混凝土用水量之间的关系。

几种水泥标准稠度用水量见表5.5。

表5.5　几种水泥标准稠度用水量

水泥	P.O32.5R	P.O42.5R	P.Ⅱ52.5R
比表面积/（$cm^2 \cdot g^{-1}$）	322	340.9	365.4
密度/（$g \cdot cm^{-3}$）	3.08	3.12	3.18
标准稠度用水量（质量分数）/%	27	28	30
水灰体积比	0.83	0.87	0.95
水与水泥浆体积比	0.4309	0.4545	0.4891
水灰比下限（质量比）	0.2365	0.2452	0.2628
下限情况下的水浆体积比	0.4214	0.4334	0.4553
水灰比上限（质量比）	0.4455	0.462	0.495
上限情况下的水浆体积比	0.5784	0.5904	0.6115

5.2.2　模型的验证

（1）减水因子与裂解系数的关系

图5.10是裂解程度与减水剂分散因子关系示意图。经过理论推导，减水因子与裂解系数之间，即L和γ之间应该符合$L=1-\gamma$关系，理论上L和γ可以选取在0～1之间的任何值，即当γ为1.0时说明毫无减水效果，而为0时则表明全部减水；当L为1.0时，说明减水效果显著，而L为0时表明不具有减水作用。图5.11是实际测定的不同减水剂对P.O42.5R水泥的裂解系数与减水因子之间关系曲线，线性回归结果证实减水因子与裂解系数满足$1-\gamma=L$的关系。在图中虚线之前部分不同减水剂的减水因子范围差别较为明显，L、γ两者的范围是0～1的其中一小部分，并且都趋于某一恒定值，该值与减水剂种类和性能有关，也与水泥的品种有关。对于SBC，其减水因子L在0～0.11之间；SNF的L在0～0.13之

间，而PC则在0～0.16之间。在标准稠度水灰比条件下，当减水剂掺量继续增加，减水因子达到上述范围的上限，变化非常微小，这种情况应该与前文中说明的存在最小水灰比现象吻合，即使减水剂掺量很大，依然需要足够的水才能保证水泥浆具有标准稠度，而不是随着减水剂掺量的增加可以无限制地减少用水量，并且与减水剂饱和掺量有密切关系。表5.6中列举了不同减水剂与不同水泥作用的减水因子。可见，同样的减水剂在不同水泥中，其减水因子是不同的，水泥细度越大，减水因子可变化的范围越小，如P.Ⅱ52.5R水泥的减水因子明显小于P.032.5R的减水因子；而且与水泥中C_3A的含量也存在一定关系，如其含量越小，越有利于减水因子范围的扩大。

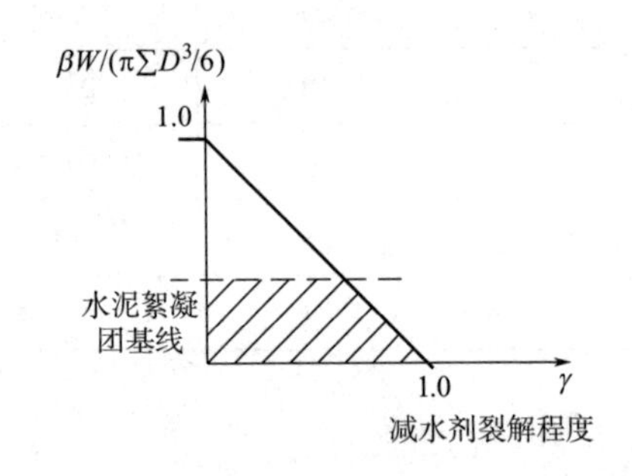

图5.10　裂解系数与减水因子关系示意图

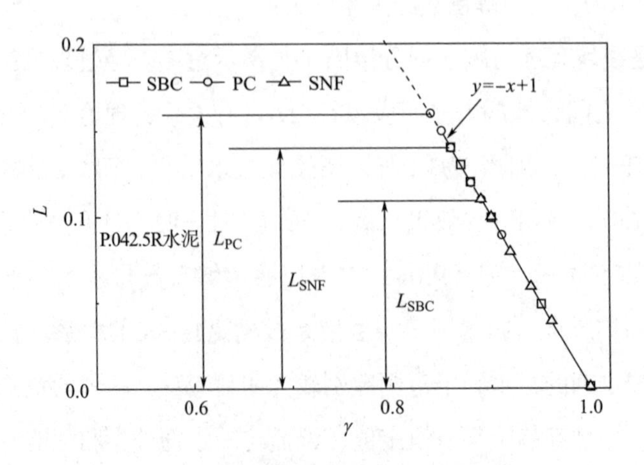

图5.11　裂解系数与减水因子的关系

表5.6　几种减水剂与不同水泥作用的减水因子

水泥	L范围		
	SBC	SNF	PC
P.O42.5R	0～0.12	0～0.13	0～0.16
P.O32.5R	0～0.14	0～0.14	0～0.17
P.Ⅱ52.5R	0～0.11	0～0.12	0～0.14

（2）减水剂掺量对减水因子的影响

图5.12是几种减水剂不同掺量下在P.O42.5R水泥中测定的减水因子。从图5.12可见，随减水剂掺量的增加，几种减水剂的减水因子表现出相同的趋势：最初减水因子随减水剂掺量增加而出现明显增加，当达到一定程度（达到饱和掺量），减水因子的增加趋势减缓，与减水剂掺量对水泥净浆流动度的影响趋势在形式上非常相似。减水剂PC的掺量较小时，其减水因子明显高于减水剂SBC和SNF，与净浆流动度测定结果有良好的对应关系，说明减水剂的减水因子受到减水剂掺量的影响，换言之，减水因子能反映出减水剂的减水作用效果，即用减水因子能表明减水剂对水泥颗粒的分散作用，减水因子越高，说明减水剂的作用效果越明显。在w/c为0.28时，减水剂的饱和掺量与采用分形维数测定的值存在一定差距，这与水灰比的大小密切相关，一般的，水灰比越大则此时得到的饱和掺量应该偏小，而水灰比越小则饱和掺量会偏大。

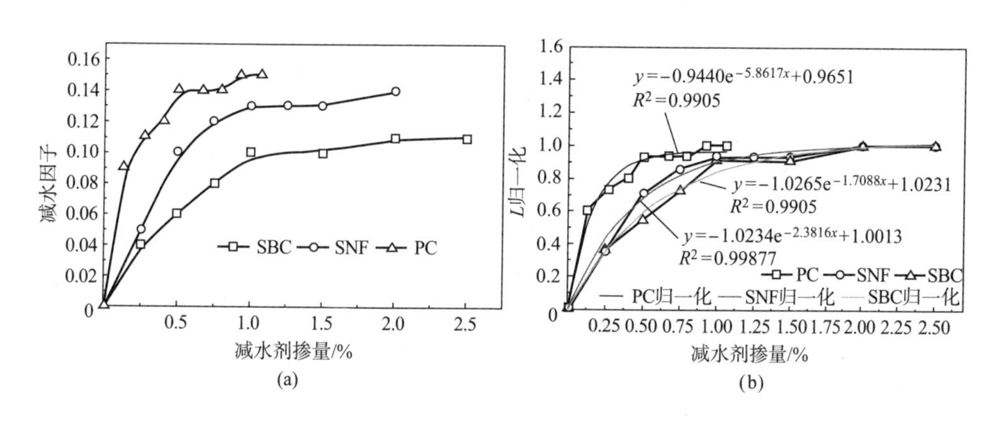

图5.12　减水剂掺量与减水因子的关系

5.2.3 减水剂减水因子作用

减水剂减水因子$L=\sum\beta V_{W0}/(\sum\pi D_{0i}^{3}/6)=\beta V_{w}/V_{f1}$，综合体现了减水剂($\beta$)、水泥($V_{f1}$)和混凝土($V_{w}$)的三元协同影响。它是表征减水剂的减水率、混凝土用水量和水泥自身絮凝特征的一个综合参数。

（1）减水剂减水因子与水泥扩展度的关系

图5.13是不同减水剂在标准稠度用水量下，对不同水泥的净浆流动度的影响。从中可见，三种减水剂均具有减水分散作用，聚羧酸系减水剂的作用效果最明显，SNF次之。而不同水泥，化学组成存在差异，细度各不相同，减水剂吸附量存在差异，因此对流动度的影响也不同，水泥细度由大到小的顺序依次为：P.Ⅱ52.5R＞P.042.5R＞P.032.5R，以减水剂PC为例，相同掺量下，水泥净浆流动度的顺序是：P.Ⅱ52.5R＜P.042.5R＜P.032.5R。原因可能是水泥细度越大，水泥颗粒越小，相同质量的水泥中含有水泥颗粒越多，对减水剂吸附的数量越大，导致水溶液中减水剂数量减少，不利于减水剂减水作用的发挥。细度仅是影响减水剂吸附差异，或者是净浆流动度差异的一个方面，化学组成也同样影响流动度。

图5.14是减水因子与水泥（P.042.5R）净浆流动度的关系。从中可见，减水因子的提高有利于减水剂分散性能的提高，即流动度的增加，对于减水剂

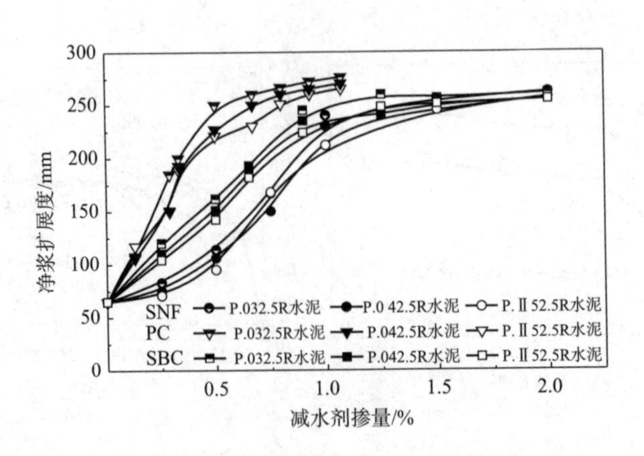

图5.13　不同减水剂对水泥流动度的影响

SNF，其减水因子最高达到0.13，此时净浆流动度达250mm左右，此后减水因子变化不再明显，尽管随着减水剂掺量的增加，净浆流动度出现继续增加的趋势，但是减水因子很难再随着减水剂掺量的增加而增加，说明减水因子会趋于定值。对减水剂PC，减水因子可达0.16，净浆流动度超过270mm，同样净浆流动度随减水剂增加而增加，但是减水因子不会保持增加的趋势。减水剂SBC，减水因子最高达到0.12，之后随减水剂掺量增大，净浆流动度变化不再明显，其净浆流动度在250mm左右。以上结构说明，对于不同减水剂，减水因子均趋于某恒定值，该值的大小与减水剂种类和分子结构有关，其中聚羧酸系高效减水剂的减水因子最高，净浆流动度也最大，SNF次之，而SBC的减水因子最小，对应的净浆流动度也最小。说明减水因子越大，水泥净浆流动度越高，减水剂的减水分散作用越明显。

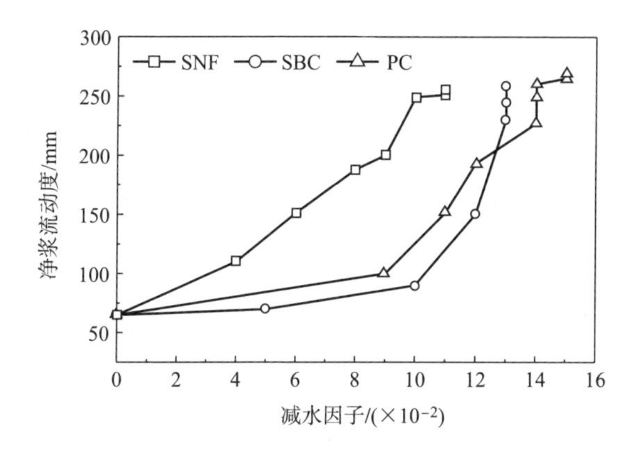

图5.14　减水因子与水泥净浆流动度的关系

（2）减水剂减水因子与水泥水化关系

水泥中掺加拌和水后，迅速成为含Ca^{2+}、OH^-、SO_4^{2-}、K^+、Na^+等离子的浓溶液，这些带电离子在电场的作用下定向移动，产生电流（离子自由迁移能力与水泥水化及孔结构有密切的关系），因而可通过测试水泥浆体的电阻率来研究水泥的水化。

新拌水泥浆体的电阻率直接反映了其内部微观结构及离子浓度随时间的变化规律，间接反映出水泥水化程度与浆体结构的发展过程。有试验证明，同种水泥制备的水泥浆水灰比越低，溶解期以及诱导期的时间越短，凝结硬化期的电阻率发展速度越快，相同时间所对应的电阻率越高。尽管水泥浆拌和水不会促进或抑制水化，但能够影响水泥颗粒的分散状态、水化产物的生成及胶聚，因此水量的多少能影响水泥水化结构的形成及发展。水量增加促进水泥颗粒分散，水化活性点增多，对结构的形成与发展具有弱化作用，凝结时间随水量的增加而延长，随拌和水量的增加电阻率呈下降趋势。在溶解期，由于水量的增加，离子的溶解与迁移更为容易，同时达到离子饱和度的时间相应延后，电阻率随之降低且最低值出现时间也相应延后。同时由于水量的增加，结晶接触点相对减少，结构搭建疏松，在结构硬化时形成的孔隙率增加，形成相对疏松的结构，所以整体电阻率也相应下降。

图5.15描述了24h内三种减水剂对水泥浆电阻率的影响，其中*w*/*c*均为0.4，减水剂掺量为饱和掺量，即SBC为1%，SNF为0.8%，PC为0.3%，不同减水剂在水泥中的减水因子见表5.5。不同减水剂的掺入对水泥水化作用不同，水泥净浆中絮凝结构的形成将存在差别，因此电阻率变化情况各异。但总体来看，水泥浆体的电阻率与水化时间的关系曲线具有相同的特点，即均为水化初始阶段略有降低，随水化时间延长降至最低点后慢速上升，最后出现加速上升。Archie通过大量试验提出岩石电阻率与其液相电阻率以及与孔隙率的关系，此关系可以很好地解释新拌水泥浆水化过程电阻率变化情况。在水化较早期，水泥溶解释放出大量的离子，致使液相电阻率迅速降低，此时孔结构尚未形成，水化产物较少，水泥电阻率主要受液相电阻率影响，表现为降低趋势。电阻率达最低点以后，随水化的进行，液相电阻率的影响减弱；同时水化产物增多，浆体逐渐硬化，水泥浆的孔隙率降低，表现出电阻率升高的趋势。减水剂的加入，一方面破坏了水泥絮团，相同水灰比前提下，相当于体系中自由水增加，改变了水泥浆中离子溶解速度；另一方面水泥对减水剂的吸附作用，改变了水泥颗粒间的作用状态，进而改变了水泥浆电阻率。不同减水剂对水泥水化的影响不同，如SNF具有早强作用，加速水泥水化进程，电阻率升高较快，从图5.15可见，三种水泥的电阻率均随水化进行而高于空白对比样。而对SBC和

PC，则出现相反的情况，即随着水化的进行，电阻率出现增加的趋势，但是与空白样及掺加SNF的试样相比保持在较低的水平，说明两者具有较好的流动度保持性，这与有关流动度经时损失的实验结果相吻合。

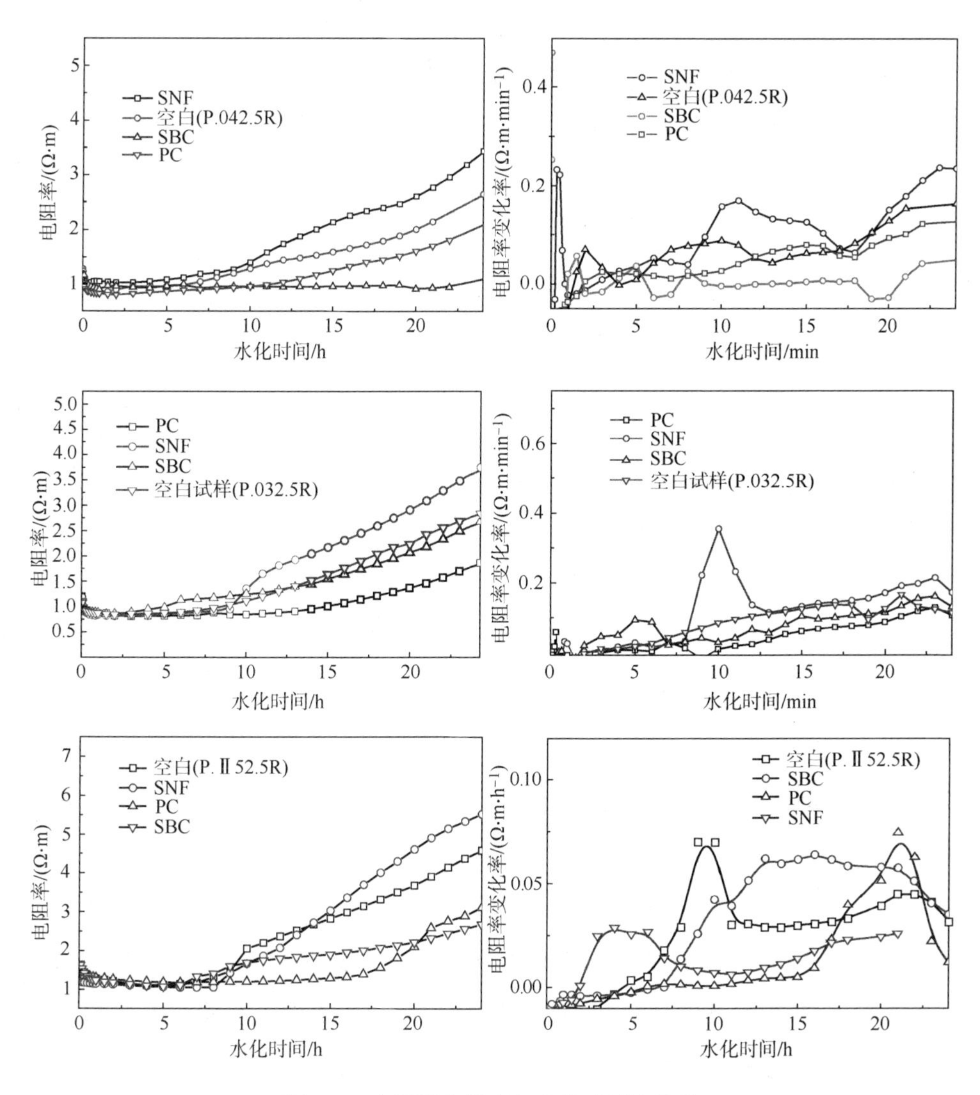

图5.15　水泥浆电阻率与水化时间的关系

图5.16是电阻率随时间变化归一化曲线。从图中可见，电阻率归一化后明显地反映出电阻率随时间的变化趋势，除了P.Ⅱ52.5R水泥的空白样和掺加PC及掺加SBC的P.042.5R试样电阻率归一化曲线比较特殊以外，其他试样的电阻

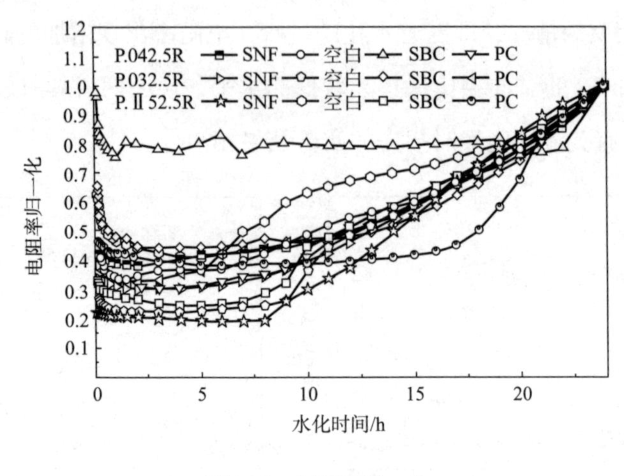

图5.16 电阻率归一化

率变化趋势非常吻合。从减水剂减水因子的角度分析水泥水化进程，有一定影响，但是本身不能反映出减水剂的分子结构特征，因此用来解释减水剂对水泥水化的影响还需要进一步研究。

（3）减水剂与水泥适应性

影响水泥/减水剂相容性的因素比较多，既有水泥方面的因素，也有减水剂方面的因素。由于减水因子包含减水剂特性、水泥特性以及用水量等因素，一定程度上能反映减水剂与水泥的相容性。从水泥方面来看，水泥的颗粒分布对水泥与减水剂的适应性影响包括两方面：一方面，水泥颗粒分布范围窄，其堆积空隙率大，需要更多水来填充这些空隙，自由水相应减少，外加剂掺量大，水泥与外加剂适应性差，水泥颗粒分布范围窄，情况正好相反；另一方面，水泥颗粒平均粒径小时，水泥中细颗粒较多，比表面积较大，水泥与外加剂相容性不好。水泥颗粒对减水剂分子的吸附与水泥的比表面积有关，水泥颗粒越细，意味着其比表面积越大，相同掺量减水剂，其塑化效果要差一些；同时，比表面积越大时，水泥与水接触的面积越大，水泥颗粒表面形成水膜所需水量就大，相同水灰比条件下，颗粒之间的自由水相应减少，水泥浆体流动性变差，水泥与减水剂适应性不好；另外，水泥比表面积越大，水泥与水早期反应速度加快，水化产物絮状结构形成也较快，水泥浆体流动性随时间变化明显，

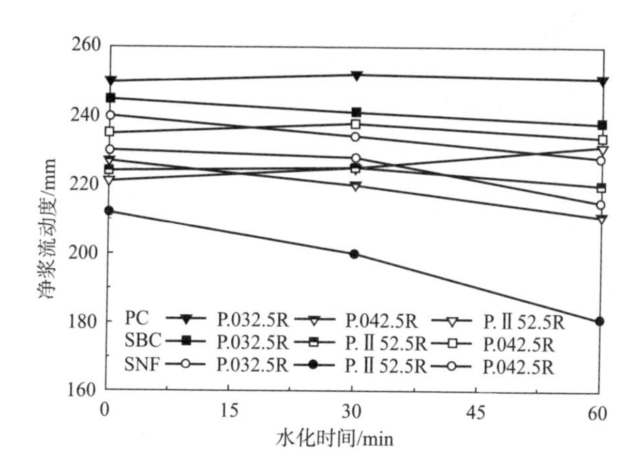

图5.17　水泥净浆流动度经时损失

水泥与减水剂相容性不好。

目前，大多从减水剂饱和掺量高低、5min流动度、60min后Marsh时间损失的大小、再结合浆体离析、泌水情况等几个方面的综合效果来评判减水剂与水泥的相容性。一般认为，饱和点低、Marsh时间短、Marsh时间损失小、无泌水、无离析等现象表示减水剂与水泥的相容性较好。采用净浆流动度研究减水剂与水泥相容性问题，主要研究初始流动度以及流动度随时间变化情况来反应减水剂与水泥的相容性。图5.17是饱和产量下减水剂掺加到不同水泥中水泥净浆流动度的经时损失情况。从图5.17可见，三种减水剂在不同水泥中的应用，表现出不同的流动度保持性，即反映出减水剂与水泥间不同的相容性。对于相同的减水剂，不同水泥中有不同的减水因子，如SBC在P.032.5R中L是0.14，在P.042.5R中L是0.12，在P.Ⅱ52.5R中L是0.11，净浆初始流动度分别为245mm、235mm、230mm，经时损失都较小，同样减水剂PC和SNF也反映出同样的趋势，说明对于同样的减水剂，减水因子L能反映出减水剂与水泥之间的相容性，即减水因子越大说明与水泥相容性越好。但是不同减水剂在相同水泥中应用时，较难判断减水剂与水泥相容性的优劣，如同样在P.042.5R中应用，SNF的L值高于SBC的L值，虽然其初始流动度较高，但是经时损失明显大于掺加SBC的值，反映出相容性不良的趋势，而SBC尽管初始流动度不及掺加SNF，但是经时损失非常小，因此减水因子可以评价减水剂在不同水泥中应用与水泥相容性问题，但是较难评价减水剂间与水泥相容性问题，还有待进一步完善。尽管减水因子不能全面地反映减水剂分子结构等信息，但是它是减水剂在水泥中综合表现的一个参数，在一定程度上能反映应减水剂与水泥相容性。

（4）混凝土用水量

现在混凝土配合比设计大多采用经验试配，掺加减水剂后，依然采用调试的方法，直到达到满足工艺要求的配合比。本文中提出了减水因子概念，可以根据减水因子的大小，结合减水剂饱和掺量寻求办法，尽可能少地几次调配，就可以得到适合要求的配合比。针对P.Ⅱ52.5R水泥，不同减水剂的饱和掺量已确定，而且在水泥净浆中的减水因子也已确定，因此，根据混凝土中单位水泥用量，可以很容易地确定出能满足工艺要求的单位水用量。图5.17是采用减水因子计算混凝土用水量的流程图。首先根据混凝土设计强度计算基准配合比，经过试配可得到空白混凝土的配合比，确定单位水泥用量及单位用水量，然后结合不同减水剂的减水因子，可以计算得到掺加减水剂的单位用水量，最后以此用水量试配混凝土，满足混凝土工作性要求，完成配合比设计。

为了说明SBC实际应用效果，配制C40混凝土，单位混凝土水泥用量为467kg/m^3（以体积计算应为147m^3/m^3），最大碎石粒径为25mm，未掺加减水剂的混凝土配合比为C：S：G：W=1：1.09：2.53：0.48，坍落度为70～90mm。对于高效减水剂PC，其饱和掺量下，L=0.14，满足试验要求的单位水用量应该为172m^3/m^3，减水率为23%；对于高效减水剂SNF，饱和掺量下L=0.12，则满足试验要求的单位水用量应该为179m^3/m^3，减水率为20%；对SBC，饱和掺量时减水因子L=0.11，用水量应为183m^3/m^3，减水率为18%。减水剂PC、SNF及SBC分别在饱和掺量下，根据试配达到满足工艺要求的实际用水量分别为168 m^3/m^3，179 m^3/m^3和181 m^3/m^3，即减水率分别为25%，21%和19%，采用减水因子进行试配时采用的用水量与实际调整得到的用水量差别分别是2.4%，0.2%，1%，说明采用减水因子进行配合比设计具有可行性。但是，从试配结果中不难发现，对于减水率越高的减水剂，采用减水因子配制与实际用水量的偏差越大，这可能是测定的减水因子是在较低水灰比下进行（0.28左右），而实际混凝土中的水灰比都是远高于测试减水因子时的用水量，因此在水泥净浆中，尽管水泥颗粒间分散的方式与水灰比为标准稠度时同样都是连续的絮凝结构，但是其中水的存在状态是不同的：水量增加时，溶剂化水膜厚度会发生变化，但其变化幅度远不及自由水增加的幅度，因此加入减水剂后，将可以分散出更多的自由水，表观上表现出减水剂的减水率增大，这种现象说明不同水灰比下，测定的相同减水剂的减水率之间存在差别。而文中研究减水因子时，避免用水量的影响，均采用标准稠度条件下进行研究。

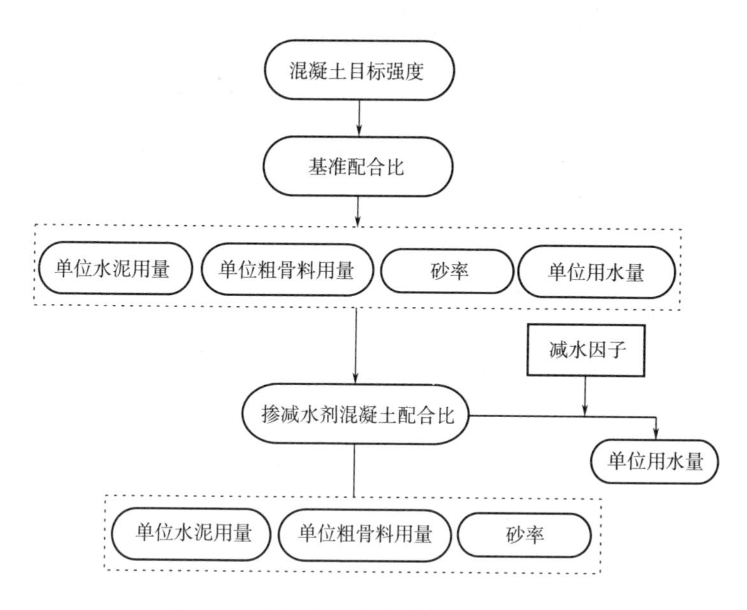

图5.18 采用减水因子计算混凝土用水量

5.3 本章小结

（1）在研究掺加高效减水剂水泥净浆中水泥絮凝颗粒的分形维数与掺量的关系时发现，当高效减水剂掺加到一定量时，水泥颗粒絮凝分形维数D_f发生较大的改变，D_f发生突变时所对应的减水剂掺量与净浆流动度法测定的高效减水剂饱和掺量吻合良好，D_f突变对应的减水剂掺量应为其饱和掺量，从而建立了采用分形维数确定高效减水剂饱和掺量的新方法。

（2）研究结果表明，几种高效减水剂对使用的P.042.5R普通硅酸盐水泥的饱和掺量如下：SNF饱和掺量为0.7%～0.8%，ML的饱和掺量为0.8%～0.9%，PC为0.2%～0.3%，SBC饱和掺量为0.9%～1.0%。饱和掺量下四种高效减水剂的减水分散效果存在差别，PC最好；SNF与SBC两者相当，均略差于PC；ML较差。因此采用激光颗粒分布测量仪可以定性地表征高效减水剂的减水分散效果，评价减水剂的性能。

（3）在水泥絮凝理论的基础上，研究了掺加减水剂前后，水泥净浆絮凝体积的变化规律，提出减水因子概念，不同减水剂的减水因子均在0～1范围内，并且趋于某一恒定值，如在P.042.5R水泥中应用，SBC的减水因子L在趋于0.12，SNF的减水因子L趋于0.13，而PC的减水因子趋于0.16。减水因子越大表明减水剂的减水分散效果越明显。

（4）研究不同种类的减水剂与水泥之间减水因子对水泥水化、减水剂与水泥相容性以及混凝土用水量的影响，结果表明：减水因子可以评价同种减水剂与不同水泥的相容性，减水因子越高表明减水剂与水泥相容性越好，但在评价不同减水剂与水泥相容性优劣存在困难，同样减水因子能在一定程度上反映减水剂对水泥水化的影响。在相同工作性条件下，混凝土用水量随减水因子的增大而减小，基于减水因子计算的用水量与实际试配用水量非常接近。说明，减水因子对混凝土配合比设计有指导作用，改变以往确定单位用水量理念，完善混凝土配合比相关理论。

第6章　合成减水剂的应用

6.1　减水剂在砂浆中的应用

砂浆减水率测试方法见2.5.10，三种SBC的减水率测试结果见表6.1。三种SBC的分子量不同，取代度各异，导致减水率各不相同。SBC_6的取代度相对较低，为0.38，1%掺量下其减水率也较低，仅为11.2%；取代度为0.59的SBC_7，1%掺量下砂浆减水率为14.8%；SBC_8取代度最高，为0.67，其减水率达到16.5%，与萘系减水剂的减水率18.6%比较接近。

表6.1　减水剂对砂浆性能的影响

试样	掺量/%	减水率/%	泌水率/%	流动度/mm	抗压强度/MPa	抗压强度比/%	
					3d	7d	28d
空白样	—	—	100	180	10.5/100	21.8/100	30.5/100
SNF	1	18.6	98	179	15.4/146	29.4/135	36.7/120
SBC_6	1	11.2	75	179	12.1/115	22.5/103	31/102
SBC_7	1	14.8	81	180	14.6/139	25.9/119	33.6/110
SBC_8	1	16.5	84	178	16.9/161	31.7/145	36/118

同时测试了掺加SBC及SNF的40mm × 40mm × 160mm砂浆试件各龄期抗压强度，结果如表6.1所示。与未掺加减水剂相比，掺加不同减水剂的砂浆试件

各龄期的强度均有不同程度的提高。掺加1%SNF的试件3d、7d及28d抗压强度分别提高了46%、35%和20%。SBC_6、SBC_7和SBC_8对砂浆抗压强度影响也不尽相同。掺加SBC_6（分子量较高，取代度较低）的砂浆各龄期强度增加较少，3d提高15%，7d提高3%，28d仅提高2%；而掺加SBC_8（分子量较低，取代度较高）的砂浆抗压强度出现较大的提高，3d、7d和28d强度分别提高61%、45%和18%。

表6.2是减水剂对水泥砂浆抗折强度的影响。减水剂的掺加对砂浆抗折强度影响不同，如掺加SNF的砂浆，不同龄期抗折强度均有所提高；而SBC_6的抗压强度值均低于空白试样值；SBC_7结果与空白试样结果相当；而SBC_8则明显提高了抗折强度。这种现象与砂浆抗压强度测定结果相互吻合良好。

表6.3是掺加SMHE的水泥砂浆在不同掺量下减水率及抗压强度变化情况。测试结果表明，随着SMHE掺量的增加，砂浆减水率明显提高。但是对抗压强度的影响却比较复杂，当SMHE掺量大于0.4%，抗压强度明显降低，掺量为0.8%和1%时，由于3d龄期胶砂缓凝严重，抗压强度无法测定，而且7d和28d强度依然很低。结合SMHE对水泥凝结时间的测定结果，说明SMHE缓凝效果严重，仅可以作为缓凝减水剂应用。

表6.2　减水剂对砂浆抗折强度影响

试样	抗折强度/MPa		
	3d	7d	28d
空白	4.95	6.6	7.65
SNF	5.2	6.7	7.75
SBC_6	4.8	6.3	7.1
SBC_7	5.1	6.45	7.5
SBC_8	5.2	6.8	7.82

表6.3　SMHE对砂浆抗压强度的影响

S：C：W		掺量/%	砂浆流动度/mm	减水率/%	抗压强度/MPa	抗压强度比/%	
					3d	7d	28d
1	1350：450：225	0	180	—	26.2/100	35.1/100	51.7/100
2	1350：450：201	0.4	179	10.6	20.5/78	36.2/103	57.7/112
3	1350：450：198	0.8	181	12.0	—	25.8/74	45/87
4	1350：450：185	1	179	18.0	—	6.6/19	30/58

6.2　合成减水剂在混凝土中的应用

6.2.1　混凝土减水率的测定

按照《混凝土外加剂》的要求，依据标准调整坍落度使满足要求，最终混凝土配合比确定如表6.4所示（C：S：G：W=1：2.02：3.53：0.64）。

表6.4　测试减水率混凝土配合比

水泥强度等级	砂率/%	砂	碎石 D_{max}/mm	坍落度/mm	用水量/（kg·m^{-3}）	水泥用量/（kg·m^{-3}）	砂用量/（kg·m^{-3}）	碎石用量/（kg·m^{-3}）
P.Ⅱ52.5	36	中砂	25	80±10	215	331	667	1168

混凝土的拌制、各种混凝土材料及试验环境温度均保持在（20±3）℃。混凝土减水率是坍落度基本相同时基准混凝土和掺减水剂混凝土单位用水量之差与基准混凝土单位用水量之比。减水剂掺量为1%时，采用减水因子计算混凝土用水量，使混凝土坍落度达到与基准混凝土坍落度基本相同，测试不同减水剂对混凝土的减水率如表6.5所示。

表6.5 混凝土减水率测定

试样	坍落度/cm	减水率/%	泌水率/%
基准混凝土	8.1	—	100
SNF	7.9	21	98
SBC_6	8.4	9	72
SBC_7	8.6	14	79
SBC_8	8.0	19	83

由表6.5可以看出，相同掺量的减水剂混凝土减水率差别较大，高取代度低分子量的SBC_8减水效果明显，与萘系减水剂相当，表现出较强的减水分散能力，就减水率而言达到高效减水剂对该项指标的要求（＞12%）。而另外的SBC_6和SBC_7减水率分别是9%和14%，介于普通减水剂和高效减水剂之间，后者更倾向于高效减水剂。

6.2.2 混凝土和易性

混凝土和易性是指拌和物易于拌和、运输、浇灌及振捣，并能获得质量均匀，成型密实的混凝土的性能，也称为工作性。它是一项综合性指标，包括流动性、黏聚性和保水性三个方面。至今尚无全面反映混凝土拌和物和易性的测定方法，通常是测定拌和物的流动性，作为和易性的评价标准，并辅以直观经验观察判断粘聚性和保水性。

影响混凝土和易性的因素包括水泥、骨料、外加剂、矿物掺和料的性能和用量，以及单位用水量和环境温度等，其他条件相同时，新拌混凝土的和易性与减水剂的种类、掺量有直接关系。混凝土拌和物中掺入适量减水剂，由于减水剂对水泥颗粒的分散作用，可使新拌混凝土黏度下降，颗粒间相对运动变得容易，因而不同程度地改善新拌混凝土的和易性。

本试验采用坍落度筒法测得不同取代度的SBC在1%掺量下混凝土的坍落度值见表6.5。掺加SBC_6的混凝土黏聚性很好，没有离析现象，泌水量非常少，保水性也较好；掺加SBC_7、SBC_8的混凝土泌水量略多于SBC_6，黏聚性同样良好；三者和易性均优于掺加SNF的混凝土。

水泥的化学成分、矿物组成及细度、混凝土的单位用水量、所用外加剂和矿物掺和料的种类及掺量等因素均影响新拌混凝土的泌水性能。一般情况下，水泥的颗粒越细，骨料中细颗粒越多，矿物掺合料用量越大，则混凝土泌水量越小。就外加剂而言，减水剂对混凝土拌和物的泌水性能的影响较为显著。在减水剂与水泥适应性良好的情况下，减水剂均能显著降低新拌混凝土的离析与泌水性。但当减水剂与水泥适应性较差，或高效减水剂掺量过大时，则可能导致新拌混凝土离析与泌水增大，和易性变差。混凝土拌和物发生泌水现象，将影响混凝土的密实性，降低混凝土耐久性。实验测得混凝土的泌水率比如表6.5所示。掺加SBC减水剂降低了泌水率，说明SBC具有优良的减水效果，同时保水性良好。

6.3　SBC配制C40混凝土

为验证SBC实际应用效果，配制C40混凝土，单位混凝土水泥用量为467kg/m³，最大碎石粒径25mm，未掺加减水剂的混凝土配合比为C：S：G：W=1：1.09：2.53：0.48，坍落度为70～90mm。新拌混凝土性能见表6.6。掺加SBC_8的混凝土泌水率为88%，明显低于空白混凝土以及掺加SNF的混凝土泌水率；120min坍落度由89mm减小到51mm，坍落度损失约40%，而120min后掺加SNF的混凝土坍落度仅为10mm，说明SBC有利于保持混凝土坍落度；初凝和终凝时间分别是453min和714min，都有所延长；容重增加。若掺加减水剂配制高流动度混凝土，配合比为C：S：G：W=1：1.09：2.53：0.48时，SBC的坍落度损失小的特点表现得更加明显，其初始坍落度为170mm，120min后坍落度为155mm，损失不到10%，而掺加SNF的混凝土初始坍落度与掺加SBC的相当，但120min后的坍落度仅为60mm，损失了将近70%。但是与减水剂

PC相比，SBC初始坍落度和120min后的坍落度均低于前者的值。

表6.6 新拌混凝土性能

减水剂	减水率/%	泌水率比/%	坍落度/mm		凝结时间/min		容重γ_h/（kg·m^{-3}）
			初始	120min	初凝	终凝	
空白	—	100	85	—	241	589	2370
SNF	21	95	90	10	385	668	2380
SNF	—	110	180	60	—	—	—
SBC_8	19.5	88	89	51	453	714	2400
SBC_8	—	90	170	155	—	—	—
PC	—	—	210	198	—	—	—

掺加减水剂的混凝土抗压强度结果见表6.7。从表中可见，掺加SBC的混凝土抗压强度较空白对比样提高明显，分别是3d龄期提高了34%，7d龄期提高了34%，28d提高了18%，而掺加SNF的混凝土提高幅度更大，分别是3d提高了41%，7d提高了36%，28d提高了22%。说明SBC_8具有良好的减水分散效果。

表6.7 混凝土抗压强度

减水剂	掺量/%	减水率/%	坍落度/mm	3d	7d	28d
				抗压强度/MPa		抗压强度比/%
空白	—	—	85	31.8/100	40.6/100	52.1/100
SNF	1	21	90	44.8/141	55.4/136	63.4/122
SBC_8	1	19.5	89	42.5/134	54.6/134	61.5/118

干缩是非荷载作用下硬化混凝土的一种体积变形，主要取决于混凝土的单位用水量、水灰比、水泥的性质和用量、骨料的品质和用量以及养护条件等因素。由于减水剂的性质和用量不同，对混凝土干缩的影响也不同，有时会得到相反的结果。掺加减水剂的混凝土干缩测试结果见图6.1。由图6.1可见，掺加SNF和SBC后，混凝土干缩率均高于空白对比样，而且掺加SBC的干缩要超过

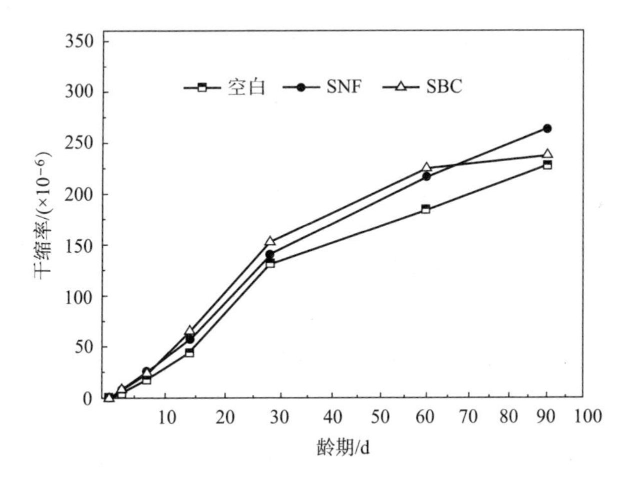

图6.1　减水剂对混凝土干缩的影响

SNF的干缩程度，但是混凝土正常性能范围内，不会对混凝土性能产生不利影响。一般情况下，保持混凝土拌和物坍落度及水泥用量相同，掺入减水剂以减少用水量而提高混凝土强度时，混凝土干缩值可能都有提高。

6.4　本章小结

（1）测定不同取代度的SBC砂浆减水率结果表明：SBC_6的取代度相对较低（为0.38），1%掺量下其减水率也较低，仅为11.2%；取代度0.59的SBC_7，1%掺量下砂浆减水率为14.8%；SBC_8的取代度最高，为0.67，其减水率达到16.5%，与萘系减水剂的18.6比较接近。掺加SBC_6（分子量较高，取代度较低）的砂浆各龄期强度增加较少，3d提高15%，7d提高3%，28d仅提高2%；而掺加SBC_8（分子量较低，取代度高）的砂浆抗压强度出现较大的提高，3d、7d和28d强度分别提高61%、45%和18%。

（2）掺加SMHE砂浆减水率及强度测试结果表明：SMHE减水率随掺量提高而提高，但是当掺量超过0.4%以后，水泥砂浆缓凝严重，强度明显降低，说明SMHE仅能用作普通减水剂或缓凝减水剂。

（3）混凝土配合比为C：S：G：W=1：2.02：3.53：0.64，测定了SBC混凝土减水率，不同取代度的SBC减水率在9%～19%，取代度高则减水率越高，掺加SBC的混凝土和易性良好，泌水率比大大降低。

（4）按空白混凝土配合比C：S：G：W=1：1.09：2.53：0.48配制了C40混凝土，在此配合比下测定SBC作为减水剂的应用性能。结果表明：掺加SBC_8，延长了混凝土初凝和终凝时间，新拌混凝土容重较高，混凝土干缩在混凝土正常性能范围内，SBC_8的掺加能不同程度地提高混凝土各个龄期抗压强度，其强度与掺加SNF的相当。

（5）可以通过调整SBC的分子结构，获得不同分子量及取代度的产物，有望开发出新型的混凝土减水剂、缓凝减水剂和高效减水剂。

参考文献

[1] 师昌绪，李恒德，周廉. 材料科学与工程手册 [M]. 北京：化学工业出版社，2004.

[2] 郑芳宇. 水泥混凝土过程工程学研究 [D]. 大连：大连理工大学. 2007.

[3] Shunsuke Hanehara, Kazuo Yamada. Interaction between cement and chemical admixture from the point of cement hydration, absorption behaviour of admixture, and paste rheology [J]. Cement and Concrete Research, 1999, 29 (8): 1159-1165.

[4] Mollah M Yousuf A, Padmavathy Palta, Thomas R Hess. Chemical and physical effects of sodium lignosulfonate superplasticizer on the hydration of portland cement and solidification/stabilization consequences [J]. Cement and Concrete Research, 1995, 25 (3): 671-682.

[5] Xinping Ouyang, Xueqin Qiu, Chen P. Physicochemical characterization of calcium lignosulfonate—A potentially useful water reducer [J]. Colloids and Surfaces A: Physicochemical and Engineering Aspects, 2006, 282-283: 489-497.

[6] 胡红梅，马保国，何柳. 萘系高效减水剂的优化合成与改性 [J]. 武汉理工大学学报，2005，27 (9): 38-41.

[7] Byung—Gi Kim, Shiping Jiang, Carmel Jolicoeur, et al. The adsorption behavior of PNS superplasticizer and its relation to fluidity of cement paste [J]. Cement and Concrete Research, 2000, 30 (6): 887-893.

[8] Chang D, Chan S, Zhao R. The combined admixture of calcium lignosulphonate and sulphonated naphthalene formaldehyde condensates [J]. Construction and

Building Materials，1995，9（4）：205-209.
[9] 史昆波，牛学蒙，张敬东. 氨基磺酸系高效减水剂的实验室研制［J］. 延边大学学报（自然科学版），2002，28（2）：106-109.
[10] Princc W，Espagne M，Aitcin P C. Interaction between ettringite and a polynaphthalene sulfonate superplasticizer in a cementitious paste［J］. Cement and Concrete Research，2002，32（1）：79-85.
[11] Grabiec A M. Contribution to the knowledge of melamine superplasticizer effect on some characteristics of concrete after long periods of hardening［J］. Cement and Concrete Research，1999，29（5）：699-704.
[12] 郭新秋，方占民，王栋民，等. 共聚梭酸高效减水剂的合成与性能评价（第一部分）［J］. 应用基础与工程科学学报，2002，10（3）：219-225.
[13] 全国水泥制品标准化技术委员会. GB 18588—2001混凝土外加剂中释放氨的限量［S］. 北京：中国标准出版社，2001.
[14] 蒋新元. 绿色氨基磺酸系高性能减水剂ASM的研制与作用机理研究［D］. 广州：华南理工大学. 2004.
[15] 陈建奎. 混凝土外加剂原理与应用［M］. 2版. 北京：中国计划出版社，2004.
[16] David N S. Structure of Cellulose［J］. Polymer News，1988，13（1）：134-138.
[17] 陈家楠. 纤维素化学的现状与发展趋势［J］. 纤维素科学与技术，1995，3（1）：1-10.
[18] 王钟建. 提高秸秆营养价值研究进展［J］. 饲料工业，1998（5）：12-14.
[19] 陈中玉，张祖立，白小虎. 农作物秸秆的综合开发利用［J］. 农机化研究，2007（5）：194-196.
[20] Nevell T P，Zeronian S H. Cellulose Chemistry and Its Application［M］. New York：Wiley，1985.
[21] 张俐娜. 天然高分子科学与材料［M］. 北京：科学出版社，2007.
[22] 高洁，汤烈贵. 纤维素科学［M］. 北京：科学出版社，1999.
[23] Yamashiki T，Kamide K，Okajima K，et al. Some characteristic features of dilute aqueous alkali solution of specific alkali concentration which possess

maximum solubility power against cellulose [J]. Polymer Journal, 1988, 20 (6): 447-457.

[24] Isogai A, Atalla R H. Dissolution of cellulose in aqueous NaOH solution [J]. Cellulose, 1998, 5 (4): 309-319.

[25] Cuculo J A, Smith C B, Sangwatanaroj U, et al. A study on the mechanism of dissolution of the cellulose/NH_3/NH_4SCN system I [J]. Journal of Polymer Science Part A: Polymer Chemistry, 1994, 32 (2): 229-239.

[26] Qin Xu, Li Fu Chen. Ultraviolet spectra and structure of zinc-cellulose complexes in zinc chloride solution [J]. Journal of Applied Polymer Science, 71 (9): 1441-1446.

[27] Michael M, Ibbett R N, Howarth O W. Interaction of cellulose with amine oxide sovents [J]. Cellulose, 2000, 7 (1): 21-23.

[28] Heinze T, Liebert T, Klufers P, et al. Carboxymethylation of cellulose in unconventional media [J]. Cellulose, 1999, 6 (2): 153-165.

[29] McCormick C L, Calliais P A, Hutchinson B H. Solution studtes of cellulose in lithium chloride and *N, N*-dimethylacetamide [J]. Macromolecules, 1985, 18 (12): 2394-2401.

[30] 黄汉生. 现代化工 [M]. 北京: 化学工业出版社, 1991.

[31] 李翠珍, 黄斌, 罗太安. 纤维素的酸预处理研究 [J]. 浙江化工, 2004, 35 (11): 4-5.

[32] BATTISTA O A. Hydrolysis and Crystallization of Cellulose [J]. Industrial and engineering chemistry, 1950, 42 (3): 502-507.

[33] Moormann W, Michel U. Hydrocelluloses with low degree of polymerization from liquid ammonia treated cellulose [J]. Carbohydrate Polymers, 2002, 50: 349-353.

[34] 杨之礼, 苏茂尧, 高洸. 纤维素醚基础与应用 [M]. 广州: 华南理工大学出版社, 1990.

[35] 沈荣熹, 崔琪, 李清海. 新型纤维增强水泥基复合材料 [M]. 北京: 中国建材工业出版社, 2004.

[36] Holmer Savastano Jr, Vahan Agopyan. Transition zone studies of vegetable fibre-cement paste composites [J]. Cement and Concrete Composites, 1999, 21

（1）：49–57.

[37] Romildo D，Toledo Filho，Karen Scrivener，et al. Durability of alkali–sensitive sisal and coconut fibres in cement mortar composites [J]. Cement and Concrete Composites，2000，22（1）：127–143.

[38] 徐欣，程光旭，刘飞清，等. 树脂基纤维增强摩阻材料研究进展 [J]. 材料科学与工程学报，2005，23（3）：457–461.

[39] 贺子岳，余红，蔡剑英. 国外新型纤维增强混凝土及其应用 [J]. 国外建材科技，1998，19（3）：7–11.

[40] Khayat K H. Workability，testing and performance of self–consolidating concrete [J]. ACI Materials Journal，1999，96（3）：346–353.

[41] Khayat K H，Yahia A. Effect of Welan gum–high range water reducer combinations on rheology of cement grout [J]. ACI Materials Journal，1997，94（5）：365 – 372 .

[42] Kamal H Khayat. Viscosity–Enhancing Admixtures for Cement–Based Materials–An Overview [J]. Cement and Concrete Composites，1998，20（2）：171–188.

[43] Sébastien Rols，Jean Ambroise，Jean Péra. Effects of different viscosity agents on the properties of self–leveling concrete [J]. Cement and Concrete Research，1999，29（2）：261 – 266.

[44] Khayat K H. Effects of antiwashout admixtures on fresh concrete properties [J]. ACI Materials Journal，1995，92（2）：164–171.

[45] Hagen Wolfgang，Hohn Wilfried，Hildebrandt Wolfgang，et al. Cement–based systems using plastification： extrusion auxiliaries prepared from raw cotton linters. US，20050241543 [P]. 2005.

[46] 顾国芳，曹民干. 水溶性聚合物对水下施工混凝土性能的影响 [J]. 建筑材料学报，2003，6（1）：30–34.

[47] Wang Yuli，Zhou Mingkai，Shan Junhong，et al. Influences of Carboxyl Methyl Cellulose on Performances of Mortar [J]. Journal of Wuhan University of Technology–Materials Sci. Ed. 2007，22（1）：108–111.

[48] 管学茂，罗树琼，杨雷，等. 纤维素醚对加气混凝土用抹灰砂浆性能的影响研究 [J]. 混凝土，2006（10）：35–37.

[49] Saric Coric M，Khayat K H，Tagnit Hamou A. Performance characteristics of cement grouts made with various combinations of high-range water reducer and cellulose-based viscosity modifier [J]. Cement and Concrete Research, 2003, 33 (12): 1999-2008.

[50] 许志钢. 水泥制品中纤维素醚的应用特性 [J]. 新型建筑材料，2001 (7): 13-15.

[51] 黄月文. 树脂水泥砂浆建筑粘合剂的性能研究 [J]. 粘接，2002，23 (5): 218-223.

[52] 张国防，王培铭，吴建国. 聚合物干粉对水泥砂浆体积密度和吸水率的影响 [J]. 新型建筑材料，2004 (2): 29-31.

[53] Schmitz L，Hackerc J，张量（译）. 纤维素醚在水泥基干拌砂浆产品中的应用 [J]. 新型建筑材料，2006 (7): 45-49.

[54] Khayat K H. Workability, Testing and performance of self-consolidating concrete [J]. ACI Mater J., 1999, 96 (3): 346-353.

[55] Tegiacchi F，Casu B. Alkylsulfonated polysaccharides and mortar and concrete mixtures containing them. Ger. Offen., DE, 3406745 [P]. 1984.

[56] Tanaka Y，Uryu T，Yaguchi M. Additives for cement mixtures, their manufacture, cement mixtures containing the additives, and process for improving the flowability of cement mixtures. Ger. Offen., DE, 4407499 [P]. 1994.

[57] Einfeldt L，Albrecht G，Kern A，et al. Use of water-soluble polysaccharide derivatives as dispersing agents for mineral binder suspensions. US, 20040103824A1 [P]. 2004.

[58] Simone Knaus，Birgit Bauer Heim. Synthesis and properties of anionic cellulose ethers: influence of functional groups and molecular weight on flowability of concrete [J]. Carbohydrate Polymers, 2003, 53: 383-394.

[59] Vieira M C，Klemm D，Einfeldt L，et al. Dispersing agents for cement based on modified polysaccharides [J]. Cement and Concrete Research, 2005, 35 (5): 883-890.

[60] 刘伟区，罗广建. 从棉绒纤维素制取混凝土外加剂（1）[J]. 化学建材，1996 (2): 73-75.

[61] 刘伟区，罗广建. 从棉绒纤维素制取混凝土外加剂（2）[J]. 化学建材，

1996（3）：118–120.

［62］龚福忠，程世贤，李成海．以甘蔗渣为原料制备水溶性分散剂的研究［J］．广西化工，2001，30（2）：6–8.

［63］程发，侯桂丽，伊长青，等．磺化淀粉开发用作新型水泥减水剂的研究［J］．精细化工，2006，23（7）：711–716.

［64］Dong fang Zhang，Ben zhi Ju，Shu Fen Zhang，et al．Dispersing Mechanism of Carboxymethyl Starch as Water–Reducing Agent．Journal of Applied Polymer Science，2007，105：486－491.

［65］Dong fang Zhang，Ben zhi Ju，Shu fen Zhang，et al．The study on the synthesis and action mechanism of starch succinate half ester as water–reducing agent with super retarding performance［J］．Carbohydrate Polymers，2007，70（4）：363–368.

［66］何曼君，陈维孝，董西侠．高分子物理［M］．修订版．上海：复旦大学出版社．2000：152–184.

［67］程镕时．黏度数据的外推和从一个浓度的溶液黏度计算特性黏数［J］．高分子通讯，1960，（4）：159–162.

［68］Wurzburg O　B．In：Methods in Carbohydrate Chemistry［M］．4th ed.New York：Academic Press，1964：286–288.

［69］Yilmaz V T，Kindness A，Glasser F P．Determination of sulphonated naphthalene formaldehyde superplasticizer in cement：a new spectrofluorimetric method and assessment of the UV method［J］．Cement and concrete research，1992，22（4）：663–670.

［70］Kazuhiro Yoshioka，Ei–ichi Tazawa，Kenji Kawai，et al．Adsorption characteristics of superplasticizers on cement component minerals［J］．Cement and Concrete Research，2002，32（10）：1507－1513.

［71］Kazuo Yamada，Tomoo Takahashi，Shunsuke Hanehara，et al．Effects of the chemical structure on the properties of polycarboxylate–type superplasticizer［J］．Cement and Concrete Research，2000，30（2）：197－207.

［72］Asakura A．Influence of superplasticizer on fluidity of fresh cement paste with different clinker phase composition，Proceeding of the 9th international congress on the chemistry of cement［C］．New Dehil India：1992，570—576.

［73］Cunningham J C．Adsorption characteristics of sulphonated melamine formaldehyde condensates by high performance size exclusion chromatography［J］．Cement and Concrete Research，1989，19（6）：919–926.

［74］生活垃圾渗沥水化学需氧量（COD）的测定（重铬酸钾法）．CJ/T 3018.12–93.

［75］吴刚．材料结构表征及应用［M］．北京：化学工业出版社，2002.

［76］P Kappen，K Reihs，C Seidel，et al．Overlayer thickness determination by angular dependent X–ray photoelectron spectroscopy（ADXPS）of rough surfaces with a spherical topography［J］．Surface Science，2000，465（1–2）：40–50.

［77］布里格斯．聚合物表面分析：X射线光电子谱（XPS）和静态次级离子质谱（SSIMS）［M］．曹立礼，邓宗武，译．北京：化学工业出版社．2001.

［78］Battista O A，Howsmon J A，Sydney Coppick．Hydrocellulose water flow number：relationship to fine structures of fibers，particularly fiber orientation［J］．Industrial and engineering chemistry，1954，45（9）：2107–2112.

［79］Battista O A. Hydrolysis and Crystallization of Cellulose［J］. Industrial and engineering chemistry，1950，42（3）：502–507.

［80］Battista O A，Sydney Coppick，Howsmon J A，et al．Level–Off Degree of Polymerization：relation to polyphase structure of cellulose fibers［J］．Industrial and engineering chemistry，1956，48（2）：333–335.

［81］王宗德，范国荣，黄敏，等．杉木微晶纤维素的制备［J］．江西农业大学学报（自然科学版），2003，25（4）：591–593.

［82］金咸穰．染整工艺试验［M］．北京：纺织工业出版社，1987.

［83］涂志雄．二次加碱法制备羧甲基纤维素钠盐［J］．广东化工，1993（2）：334–337.

［84］朱诚身．聚合物结构分析［M］．北京：科学出版社，2004.

［85］魏玉萍．纤维素基高分子表面活性剂的合成及性能表征［D］．天津：天津大学，2005.

［86］刑国秀．淀粉二元酸单酯的合成与应用研究［D］．大连：大连理工大学博士学位论文，2007.

［87］Clasen C，Kulicke W M．Determination of viscoelastic and rheo–optical material functions of water-soluble cellulose derivatives [J] . Progress of polymer science, 2001, 26 (9): 1839-1919.

[88] Carmel Jolieoeur, Marc Andre Simard. Chemical Admixture Cement Interactions: Phenomenology and Physicochemical Concepts [J]. Cement and Concrete Composites, 1998, 20 (2-3): 87-101.

[89] 魏秀军，崔宝林，韩建文. 混凝土减水剂和泵送剂的临界掺量 [J]. 沈阳建筑工程学院学报，1997，15（3）：251-255.

[90] 孙振平，蒋正武，范建东，等. 氨基磺酸盐高性能减水剂的合成及应用 [J]. 硅酸盐学报，2005，33（7）：864-870.

[91] 黄苏萍，肖奇，张清岑，等. 嵌段型超分散剂在固/液界面的吸附机理 [J]. 中南工业大学学报，2002，33（1）：41-44.

[92] 李国希，邓姝皓，夏笑虹，等. 聚乙二醇在Al_2O_3/水界面吸附行为的ESR研究 [J]. 波谱学杂志，2000，17（6）：495-498.

[93] Pourchez J, Grosseau P, Guyonnet R, et al. HEC influence on cement hydration measured by conductometry [J]. Cement and Concrete Research, 2006, 36 (9): 1777 - 1780.

[94] Pourchez J, Peschard A, Grosseau P, et al. HPMC and HEMC influence on cement hydration [J]. Cement and Concrete Research, 2006, 36 (2): 288 - 294.

[95] Singh N K, Mishra P C, Singh V K, et al. Effect of hydroxyethyl cellulose and oxalic acid on the properties of cement [J]. Cement and Concrete Research, 1997, 33 (9): 1177 - 1184.

[96] 张冠伦. 混凝土外加剂原理与应用 [M]. 北京：中国建筑工业出版社，1989.

[97] Kakali G, Chniotakis E, Tsivilis S, et al. Differential Scanning Calorimetry-A Useful Tool for Prediction of the Reactivity of Cement Raw Meal [J]. Journal of thermal analysis, 1998, 32: 871-879.

[98] Agarwal S K, Irshad Masood, Malhotra S K. Compatibility of superplasticizers with different cements [J]. Construction and Building Materials, 2000 (14): 253-259.

[99] Ramachandran V S. Application of differential thermal analysis in Cement

Chemistry [M] . New York: Chemical Publishing Co. Inc, 1969.

[100] 马保国，张莉，张平均，等. 蔗糖对水泥水化历程的影响 [J] . 硅酸盐学报. 2004, 32 (10) : 1285–1288.

[101] 马保国，许永和，董荣珍. 糖类及其衍生物对硅酸盐水泥水化历程的影响 [J] . 硅酸盐通报，2005 (4) : 45–48.

[102] 马保国，谭洪波，许永和，等. 不同减水剂对水泥水化的作用机理研究 [J] . 混凝土与水泥制品，2007 (5) : 6–8.

[103] 袁润章. 胶凝材料学 [M] . 武昌：武汉工业大学出版社，1989.

[104] Leon Black, Krassimir Garbev, G ü nter Beuchle, et al. X–ray photoelectron spectroscopic investigation of nanocrystalline calcium silicate hydrates synthesised by reactive milling [J] . Cement and Concrete Research, 2006, 36 (6) : 1023 - 1031.

[105] 彭家惠，瞿金东，张建新，等. 石膏减水剂的吸附形态与分散稳定性研究 [J] . 武汉理工大学学报，2003, 25 (11) : 25–28.

[106] K.Yoshioka,E.Sakai,M.Daimon,A.Kitahara. Role of steric hindrance in the performance of superplasticizers for concrete [J] . Journal of the American Ceramic Society, 1997, 80 (10) : 2667–2671.

[107] Yoshioka K,Tazawa E,Kawai K,et al. Adsorption characteristics of superplasticizers on cement component minerals [J] . Cement and Concrete Research, 2002, 32 (10) : 1507–1513.

[108] Sspiratos N, Jolicoeur C. Trends in concrete chemical admixtures for the 21st century [C] . 6th CANMET/ACI International Conference on Superplasticizers and Other Chemical Admixtures in Concrete, Nice, France, 2000.

[109] Flatt R J. Dispersion forces in cement suspensions [J] . Cement and Concrete Research, 2004, 34 (3) : 399 - 408.

[110] Christopher M Neubauer, Ming Yang, Hamlin M. Jennings. Interparticle Potential and Sedimentation Behavior of Cement Suspensions: Effects of Admixtures [J] . Advn Cem Bas Mat, 1998, 8: 17 - 27.

[111] Yang M, Neubauer C M, Jennings H M. Interparticle Potential and Sedimentation Behavior of Cement Suspensions: Review and Results from Paste [J] . Advanced Cement Based Materials, 1997, 5 (1) : 1–7.

[112] H. Uchikawa, S. Hanchara, D. Sawaki. The role of steric repulsive force in the dispersion of cement particles in fresh paste with organic admixture [J]. Cement and Concrete Research, 1997, 27 (1): 37-50.

[113] Pedersen H G, Bergström L. Forces measured between zirconia surfaces and poly (acrylic acid) solutions [J]. Journal of the American Ceramic Society, 1999, 82 (5): 1137-1145.

[114] De Gennes P G.Polymers at an interface: a simplified view [J]. Advances in Colloid and Interface Science, 1987, 27: 189-209.

[115] Chandra S, Björnström J. Influence of cement and superplasticizers type and dosage on the fluidity of cement mortars - Part I [J]. Cement and Concrete Research, 2002, 32 (10): 1605-1611.

[116] 徐永模，彭杰，赵昕南. 评价减水剂性能的新方法-砂浆坍落扩展度. 硅酸盐学报，2002，30：124-130.

[117] 徐海军，文梓芸. Marsh筒法测定超塑化剂与水泥相容性研究 [J]. 广东建材，2004，(4)：19-22.

[118] Larrard F, Bosc F, Catherine C, et al. The AFREM method for the mix design of high performacne concrete [J]. Material structure, 1997, 30 (8-9): 439-446.

[119] 肖忠明，郭俊萍，席劲松，等. Marsh筒法和净浆流动度法用于水泥与减水剂适应性测试的比较 [J]. 水泥，2006 (8)：1-4.

[120] 吴笑梅，樊粤明，简运康. 用Marsh筒法研究水泥与减水剂的适应性问题 [J]. 水泥，2002，(12)：12-14.

[121] 王立久，谭晓倩，曹明莉. 结合分形理论的水泥絮凝研究 [J]. 沈阳建筑大学学报，2007，23 (1)：82-84.

[122] 王圃，池年平. 絮凝体分形体影响因素的研究 [J]. 水处理技术，2006，32 (9)：19-22.

[123] 常颖，张金松. 絮凝体分形维数投药控制研究 [J]. 环境污染治理技术与设备，2006，7 (4)：46-49.

[124] Li Da hong, Ganszarczyk J. Fractal geometry of particle aggregates generated in water and wastewater treatment processes [J]. Environ. Sci. Technol., 1989, 23 (11): 1385-1389.

[125] Jiang Q，Logan B E．Fractal dimensions of aggregates determined from stead-state size distributions [J]．Environ．Sci．Technol.，1991，25：2031-2038.

[126] Li D H，Ganszarczyk J J．Stroboscopic determination of settling velocity，size and porosity of activated sludge flocs [J]．Water Research，1987，21（3）：257-262.

[127] Bushell G，Amal R．Measurment of fractal aggregates of polydisperse particles using small-angle light scattering [J]．J. Colloid Interface Sci.，2000，221：186-194.

[128] 唐明，王涛．激光仪下矿渣粉颗粒群分形特征的快速评价 [J]．沈阳建筑工程学院学报（自然科学版），2003，19（3）：200-202.

[129] Tambo N，Watanabe Y．Physical characteristics of flocs：I．The floc density function and aluminum floc [J]．Water research，1979，13：419-429.

[130] 王立久，李振荣．建筑材料学 [M]．北京：中国水利水电出版社，2000.

[131] 王立久，曹明莉．建筑材料新技术 [M]．北京：中国建材工业出版社，2007.

[132] 黄大能，沈威，等．新拌混凝土的结构和流变特征 [M]．北京：中国建筑工业出版社，1983.

[133] 马保国，董荣珍，张莉，等．硅酸盐水泥水化历程与初始结构形成的研究 [J]．武汉理工大学学报．2004，26（7）：17-19.

[134] Archie G E．The electrical resistivity log as an aid in determining some reservoir characteristics [J]．Transaction of the American Institute of Mining Metallurgical and Petroleum Engineer．1942，146：54-62.

[135] 魏小胜，肖莲珍，李宗津．用电阻率法研究水泥水化过程 [J]．硅酸盐通报，2004，32（1）：34-38.

[136] 孙振平，蒋正武．水泥含碱量对萘系高效减水剂作用效果的影响 [J]．混凝土，2002（4）：6-7.

[137] JIANG Shiping，KIM Byung-Gi，AITCIN Pierre-Claude．Importance of adequate soluble alkali content to ensure cement/superplasticizer compatibility [J]．Cement and Concrete Research，1999，29（1）：71-78.